目にやさしい
大活字

SUPERサイエンス

Ino Tadataka

天才伊能忠敬の地図を作る驚異の技術

名古屋工業大学名誉教授
齋藤勝裕
Saito Katsuhiro

C&R研究所

■本書について

- 本書は、2025年3月時点の情報をもとに執筆しています。

●本書の内容に関するお問い合わせについて

この度はC&R研究所の書籍をお買いあげいただきましてありがとうございます。本書の内容に関するお問い合わせは、「書名」「該当するページ番号」「返信先」を必ず明記の上、C&R研究所のホームページ（https://www.c-r.com/）の右上の「お問い合わせ」をクリックし、専用フォームからお送りいただくか、FAXまたは郵送で次の宛先までお送りください。お電話でのお問い合わせや本書の内容とは直接的に関係のない事柄に関するご質問にはお答えできませんので、あらかじめご了承ください。

〒950-3122　新潟市北区西名目所4083-6
株式会社C&R研究所　編集部
FAX 025-258-2801
『SUPERサイエンス 天才伊能忠敬の地図を作る驚異の技術』サポート係

はじめに

本書は伊能忠敬（いのうただたか）の一生と、忠敬の作った日本地図「大日本沿海輿地全図（だいにほんえんかいよちぜんず）」および、地図の作り方の大要をご紹介しようというものです。

忠敬が日本地図の作成にかかったのは50歳で隠居してからのことでした。現代の50歳は働き盛りの壮年期ですが、「人生50年」と言われた江戸時代では老年と言わなければならなかったでしょう。忠敬は、１７４５年に現・千葉県山武郡九十九里町小関の名主、小関五郎左衛門家の三男として生まれました。成長して現千葉県香取市で、名主の農家に婿として入り、事業家として成功して財を成しました。その後、49歳で隠居し、家業を子供に譲って50歳のとき、まさに「五十の手習い」のことわざを地で行くかの如く江戸に出て、天文・暦学を学び始めたのでした。

その修業中、きっかけをつかんで地図作りを始め、１８００年、56歳から１８１６年まで、17年をかけて日本全国の測量を行い、測量を完了した後73歳で世を去りました。その後は弟子たちが遺志を受け継いで日本地図を完成させ、日本全土の正確な姿を明らかにしたのでした。明治政府は１８８３年、正四位を遺贈してその偉業を称えました。

このように正業を子供に譲った隠居後に、在職中を遥かに上回る大仕事を達成したことが、現代人の関心をよんで、静かなブームとなっているようです。かくいう私も55歳の２０００年頃から執筆を始め、現在単行本２５０冊を刊行しました。本書を読まれて現在の人生だけでなく、第二の人生をも充実させようという方々が多数登場なさることを願って止みません。

２０２５年３月

齋藤勝裕

CONTENTS

CONTENTS

CONTENTS

Chapter 4

日本全国測量

Chapter 5

地図の精度

CONTENTS

Chapter 6

測量のコストと経済状況

現代に活かされる地図作成

Chapter. 1
なぜ、日本地図が必要だったのか?

日本全図の作成

伊能忠敬は当時最高の精度を誇る日本地図、「大日本沿海輿地全図（だいにほんえんかいよちぜんず）」（以降、日本全図と呼びます）を作ったことで知られています。この地図は忠敬が18年の歳月と多大な個人資産を使って第一次測量から第十次測量まで、日本全国を測量して得た資料を元にして作ったといわれますが、実際には途中から資金は徳川幕府が出していました。

確かに第一次測量では測量費用の大部分を忠敬が個人的に賄っていましたが、少ないながら幕府からも日当は出ていました。しかし、第二次測量は幕府の立てた計画にしたがって行われ、第五次測量では忠敬はそれまでの功績が認められて幕府に「小普請組（こぶしんぐみ）」として召し抱えられ、10人扶持（ふち）（10人分の給料）をもらっています。つまり、忠敬の測量と日本全図作りは、幕府の直轄事業として行われたのです。当然、必要経費は幕府から出ました。ただし、それにしても、細かな出費などは忠敬のポケットマネーから出ていたことでしょう。

●大日本沿海輿地全図（日本全図）

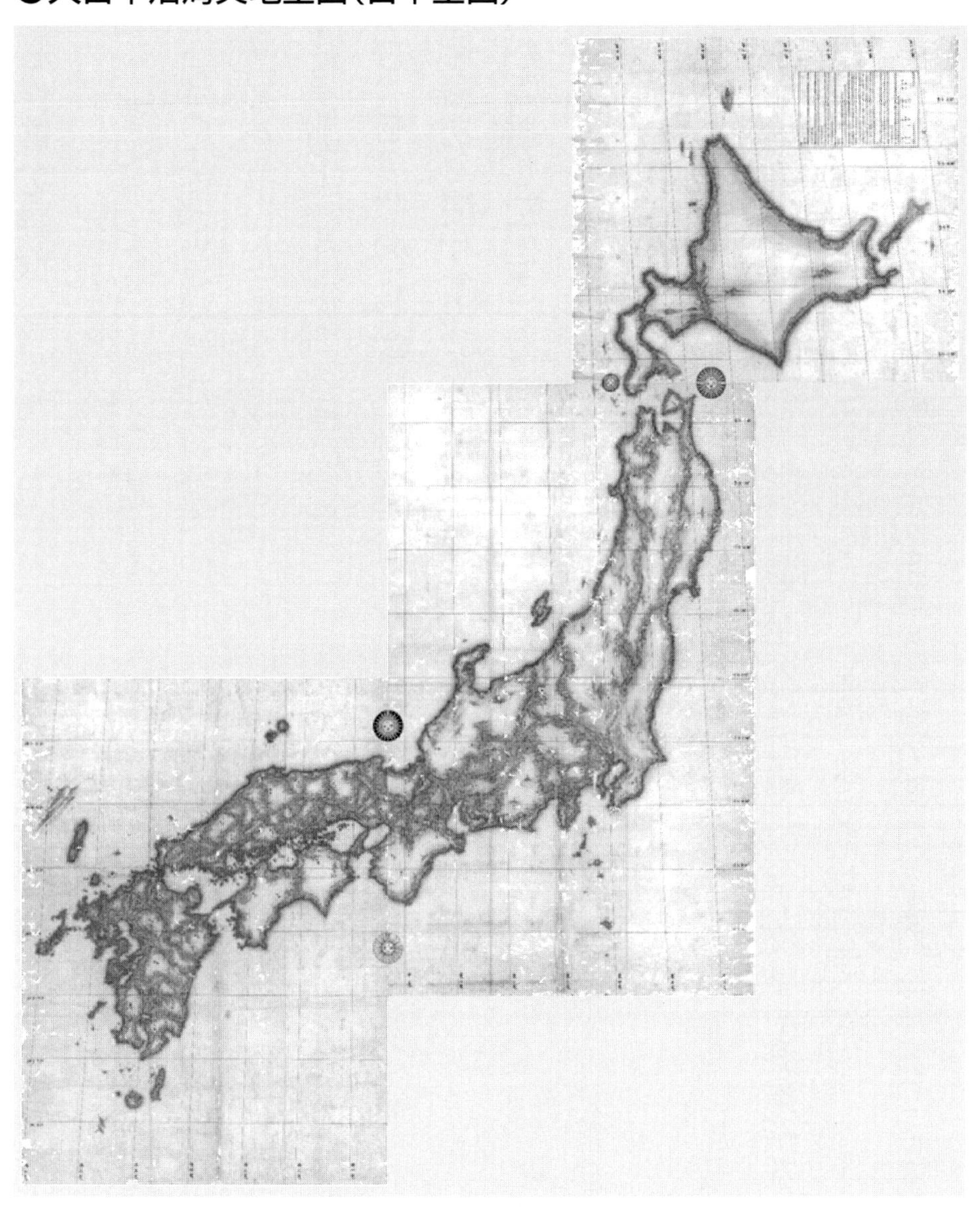

日本全図作成の動機

17歳で伊能家に婿として入った忠敬は、第2章で見るように若い時から農業、酒造業、水運業を営んだうえ、「名主(なぬし)」というわば村長のような役割を担い、伊能家、および、村のために懸命に働きました。その甲斐(かい)あって伊能家の資産は増大し、忠敬が隠居したときには伊能家の資産は現在の30~35億ほどはあったといわれるほどになりました。

忠敬は50歳で家業を長男に任して引退した後、以前から興味を持っていた暦(こよみ)について勉強したいと思い、時の歴法の大家、高橋至時(よしとき)に師事して天文学や測量術を学びました。そのうち、彼は地球の大きさを測りたいと思うようになりました。

そのためには、子午線(しごせん)(緯度)の1度の距離を実測で測り、それを180倍すれば地

●伊能忠敬

球の半周分の距離がわかります。ところが当時日本で言われていた子午線1度の距離はある説では25里(1里＝約3・9㎞)別の説では30里、32里とまちまちでした

忠敬は自分の住んでいる江戸黒江町の自宅と浅草の暦局が緯度の差で1分(1度＝60分)であることを知っていたので、実際にその間の距離を測定して至時に報告し、地球の大きさを計算しようとしました。しかし、至時に「わずか1分の間の距離では誤差が大きくて計算しても意味がない。計算するなら江戸と蝦夷地(北海道)くらい緯度の違う2点で測定しないといけない」と言われました。

江戸から蝦夷地間の距離測量

これが契機になって忠敬の胸のうちに江戸と蝦夷地の間の「距離測定」という大望が芽生えたのでした。しかし当時の日本はいくつもの藩に分割され、各藩は藩を出入りする者を厳重に監視、管理していました。そのような状態にあって江戸から蝦夷に至るまでのいくつもの藩を通過するだけでなく、藩内を測量するなどということが許されるとは思えません。

そのようなことを行うためには徳川幕府のお墨付き（許可）が無ければ許されるはずはありません。そこで忠敬は大胆にも幕府に許可を申請しました。しかし、地球の大きさを図りたいなどという、馬鹿げた趣味のような目的では取りあってもらえるはずはありません。そのために考えだした口実が「蝦夷地測量」だったのです。

計略はうまくいって、幕府は蝦夷地測量の許可を出してくれました。しかし、幕府の目的はあくまで「蝦夷地の測量」です。それに対して忠敬の目的は「江戸と蝦夷地の間の距離の測定」です。幕府は手っ取り早く蝦夷地に行って測量をするように蝦夷まで船で行くように命令しました。しかしそれでは途中の測量は不可能です。そこで忠敬は船では正確な測量は無理であり、後に東北地方の地図を作る際の資料にするためにも陸路で測定しながら蝦夷地に行くのが大切と力説したのでした。幕府もこれを理解し、陸路で行くことを許可しました。このようにして行ったのが第一次測量の「蝦夷地測量」でした。測量終了後、作成した蝦夷地の地図を幕府に提出したところ、その見事さに幕府もいたく感動し、喜んだといいます。また、測量の結果、得た子午線1度の距離＝28里2分（110・85㎞）は、当時のヨーロッパの値と同じ距離であり、現在の実測値に比べても誤差0・2％という優れた値でした。

日本地図作成

忠敬の測量結果に満足した幕府が忠敬に命じたのが「日本の沿岸測量」でした。日本全国の沿岸を測量し、日本という国の正確な形、距離を明らかにせよという命令です。

この命令に従ったのが忠敬の第二次以降の測量です。測量は第九次測量で九州の屋久島、種子島までを終え、最期の第十次測量で江戸府内を測量して完結しました。残るはこの資料を整理して日本全図を描くという事だけでしたが、残念ながら忠敬はその図を見ることなく世を去りました。74歳のことでした。

●地方測量之図（葛飾北斎）

SECTION 02

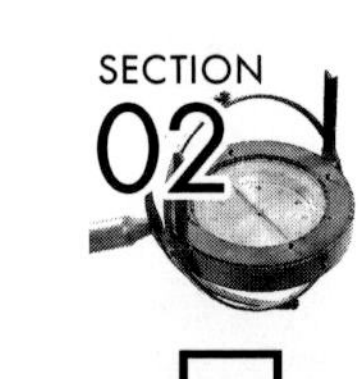

日本を取り巻く情勢

幕府が忠敬に日本の沿岸の測量と地図の作成を命じたのには、幕府にとって引くに引けない事情があったのでした。忠敬の亡くなったのは1818年でした。このころ、世界の目はアジア、日本に向いていました。中国とイギリスがアヘン戦争を起こしたのは忠敬没後20年ほどの1840年で、1853年にはペリー率いる黒船が来航し、1868年には徳川幕府は倒れ、明治時代が開幕しています。

ロシアの脅威

日本に目を付けていたのはヨーロッパ列強だけではありません。日本の隣国には世界の強国ロシアが控えていたのです。

幕府が主導した北方の開拓は北から迫るロシアの脅威から日本を守るために始めら

れました。ロシアはどのように日本に迫って来たのでしょう？　鎖国状態にあった日本は、このことをどのようにして知ったのでしょうか？　そして日本はなぜロシアを恐れたのでしょうか？

それを知るためには文化年間に千島・樺太・利尻・礼文で行われた「文化露寇（ぶんかろこう）」を知る必要があります。それは日本が、ロシアのみならず欧米列強と初めて砲火を交えた最初の戦争でした。

明治維新は嘉永六年（１８５３年）の黒船来航から始まりました。しかし、鎖国状態であった日本に突きつけられた「世界」という刃が明治維新という激震を起こしたというのであれば、明治維新の萌芽はそれよりも２００年も早く、蝦夷地（北海道）で始まっていました。

北海道にはじめて姿を見せた外国船は１６４３年のオランダ船です。この船は三陸海岸から北上して襟裳岬（えりもみさき）を回り、6月2日に十勝川河口付近に到着して、はじめてアイヌの訪問を受けました。船は6月20日に得撫島（うるっぷとう）西端に上陸し、この島を東インド会社所有の証しとして「コンパニースランド」と命名、続いて択捉島（えとろふとう）に接近して「スターテンランド」と名付けました。オランダの島という意味です。

このように、最初に北方領土の領有を宣言したのはオランダでしたが、領有を実行することはなく、18世紀に入りオホーツク海の主導権は新興のロシアに移りました。

17世紀初頭、ロシア帝国が成立すると、ロシアは東方に勢力を拡大していきました。ロシア皇帝ピョートルはオランダが日本と交易を図っていたことを知り、自分も日本との交易に意欲を見せました。しかし、当時、オホーツクは未知の土地であり、交易の前に地理を明らかにして航路を開く必要がありました。ピョートルはすぐにオホーツク地域の調査を命じました。

ピョートルの勅命を受けてロシアは数回に渡って調査隊を派遣しました。そして千島方面の事情が知られるようになると、これらの地域の領有化に着手し、住民に毛皮税の納付を強要しました。

安永7年(1778年)、ヤクーツク在住の商人レーベジェフは、日本との交易を求めて松前藩の役人に会い、日本との

●ロシア皇帝ピョートル

交易を求めました。

鎖国が国是の時代です。役人はこの地での交易は国法で禁じられていること、日本と交易を希望するならば長崎に出向くことなどを伝えてレーベジェフを引き下がらせました。

寛政4年(1792年)9月、ロシア皇帝の国書を携えて、アダム・ラクスマンが、39人の使節団と大黒屋光太夫など3人の和人漂流民を連れて、根室の西別川河口付近に上陸し、この地の松前藩士に来意を告げました。

幕府の指示で、ロシア使節と幕府の交渉は、松前で行われることとなりました。ロシア側の要求は、ことごとくはね付けられましたが、長崎であれば交渉に応じるとの感触を得た使節は、大黒屋光太夫ら漂流者を引き渡して帰国します。出航に際して大砲を放ったことに日本側は驚き慄(おのの)いたといいます。

ロシアの度重なる接近は幕府の蝦夷地への関心と欧米諸国への警戒感を高め、幕府は享和2年(1802年)には東蝦夷地を松前藩から取り上げ、直轄地にすることを決めました。

✵日露初めての戦争

通商の件は長崎を通すようにとの幕府の要請に従い、文化元年（１８０４年）３月７日、ロシア皇帝の使者としてニコライ・レザノフが長崎に来航しました。しかし、幕府は「国禁により許すことができない」と返答し、すぐに帰るように求めます。

この処置に怒りが収まらないレザノフは「武力による対日通商関係樹立」という上申書を皇帝アレクサンドル１世に送ります。樺太を武力占領した後、その武威によって日本に通商を迫ろうと考えていたのでした。そしてこの計画を実行に移すべく配下の海軍仕官フヴォストフに侵攻部隊を組織して樺太の日本人居留地の襲撃することを命じました。

９月になってレザノフは首都モスクワに向かいますが、この時点で皇帝からの勅許が届いていなかったため、出発の間際に攻撃から偵察に変更した指令をフヴォストフに送りますが、フヴォストフは偵察が中心になったとは知らず、２隻の軍艦に70余人を乗せてオホーツク港を出港しました。

翌文化四年(1807年)4月24日樺太を襲ったフヴォストフは択捉島内保(ないほ)に上陸し、24日に番屋に押し入り、中にいた邦人5人を捕らえると、物品を掠奪の上、火を放ちました。

内保から急報を受けた幕府役人は南部・津軽の足軽を引き連れて現場に赴きましたが、すでにロシア人は引揚げた後でした。役人は状況を把握し、ロシア船の来襲に備えて急ぎ陣を構築しました。日本側の兵力は300人程度でした。

29日午後2時頃、ロシア船が紗那沖に姿を見せました。幕府守備隊は白旗を振って敵意のないことを知らせ、彼らに近づきました。するとロシア側は一斉に発砲し、アイヌ人1名が撃たれて即死しました。これを合図に双方で撃ち合いが始まりました。これが近代における日本とロシアとの最初の交戦です。この後、ロシア人は利尻に上陸してここでも焼き討ちをかけています。

ちょうどこの頃、5月6日に椴法華(とどほっけ)村の沖合に怪しい外国船を見かけたとの報告が市中を不安にさせていました。そして19日午後、津軽海峡を異国船にも見える大型船が航行するのが発見されました。箱館奉行は南部・津軽の藩兵に命じて持ち場を固めさせました。この船がはたして異国船であったのか、はっきりしていませんが、千島・樺太でのロシア襲撃事件が遠く離れた箱館の人々に強い恐怖を与えたことが伺えます。

　この文化年間のロシアによる択捉・樺太襲撃事件は「文化露寇」と呼ばれ、幕府中央に強い衝撃を与えました。北方防衛を松前藩だけに任せてはおけないと、文化４年（１８０７年）、幕府は蝦夷地の全土を松前藩から取り上げ、直轄地にします。そして海岸に所領を有する諸藩に、ロシア船が迫れば打ち払い、陸に近づくようなら捕縛するように命じたのでした。

SECTION 03

日本全図の必要性

日本が北の隣国ロシアとこのような関係にあり、アジア諸国がヨーロッパ列強の植民地として飲みこまれ、アジアの覇者として知られた中国までもが東インド会社というイギリスの手先にいいようにあしらわれていることを徳川幕府も知らないわけではありませんでした。

地図を作ることの必要性

ロシアだけでなく、ヨーロッパ列強がいつ日本に攻め寄せて来るかわからないとき、日本は海岸線を固め、自分の国を防御しなければなりません。いまこそ、海岸線の実態を明らかにし、その防御態勢を固めなければなりません。そのために必要なことは、海岸線を明示した地図を作ることでなければなりません。

ところが、幕府は地図を作ろうとしません。なぜでしょうか？　それは地図があると、それを参考にして外国に攻め込まれることを恐れたからです。あるとき、学者が「オランダの情報によれば、ロシアがすごい勢いで領土を拡大していると聞きます。北海道を開拓して、要塞など作らなくても良いのですか？」と幕府重職に尋ねると、「北海道は森が生い茂り、軍隊が展開できる土地ではない。むしろ、そのままにしておいたほうがよい」と答えたということです。わずか半世紀で、シベリアの大地を東へ突破したロシアの実力に対して、あまりに無知でした。

忠敬の業績

伊能忠敬は「国防」のために地図を作成したわけではありませんし、彼の業績は彼個人の意思によって達成されたものでした。しかし、後にペリーが来航したとき、忠敬の地図を見て「未開の野蛮人」と思っていた日本人が、これほど正確な地図をもっていたということに仰天したといいます。

戦争を頭に入れておくなら、正確な地図は欠かせません。江戸時代は平和で、官僚的思考が蔓延する「危機意識」に乏しい時代でした。しかし、当然のことながら、やがて江戸近辺だけでなく全国において、海外からの侵略に対する防衛が急務となり、その施設造営を想定して地形や道路整備のための距離の測定が必要になりました。

幕府は、それまでの勘による地図では海外に太刀打ちできないと考え、具体的かつ視覚でわかる地図作成が急務となったのです。ところが幕府はそのような大切な急務を自らの手で行うのではなく、一介の市井の学者に過ぎない伊能忠敬に命じて行わせたのでした。忠敬は徳川幕府にとって救世主だったのかもしれません。

SECTION 04

地図作成作業

忠敬の地図ができるまで、日本に出回っていた日本地図は「改正日本輿地路程全図」といわれるもので、各藩が作った地図を、水戸藩の儒学者・長久保赤水（せきすい）が編集したものだけでした。正確な実測によって作られた日本地図ではありませんが、当時はそれで事が足りていたのか、伊能図が一般に出回りだしたのは、明治時代に入ってからのことでした。忠敬の地図はその後、日本地図作成の原型となったといわれています。

●改正日本輿地路程全図

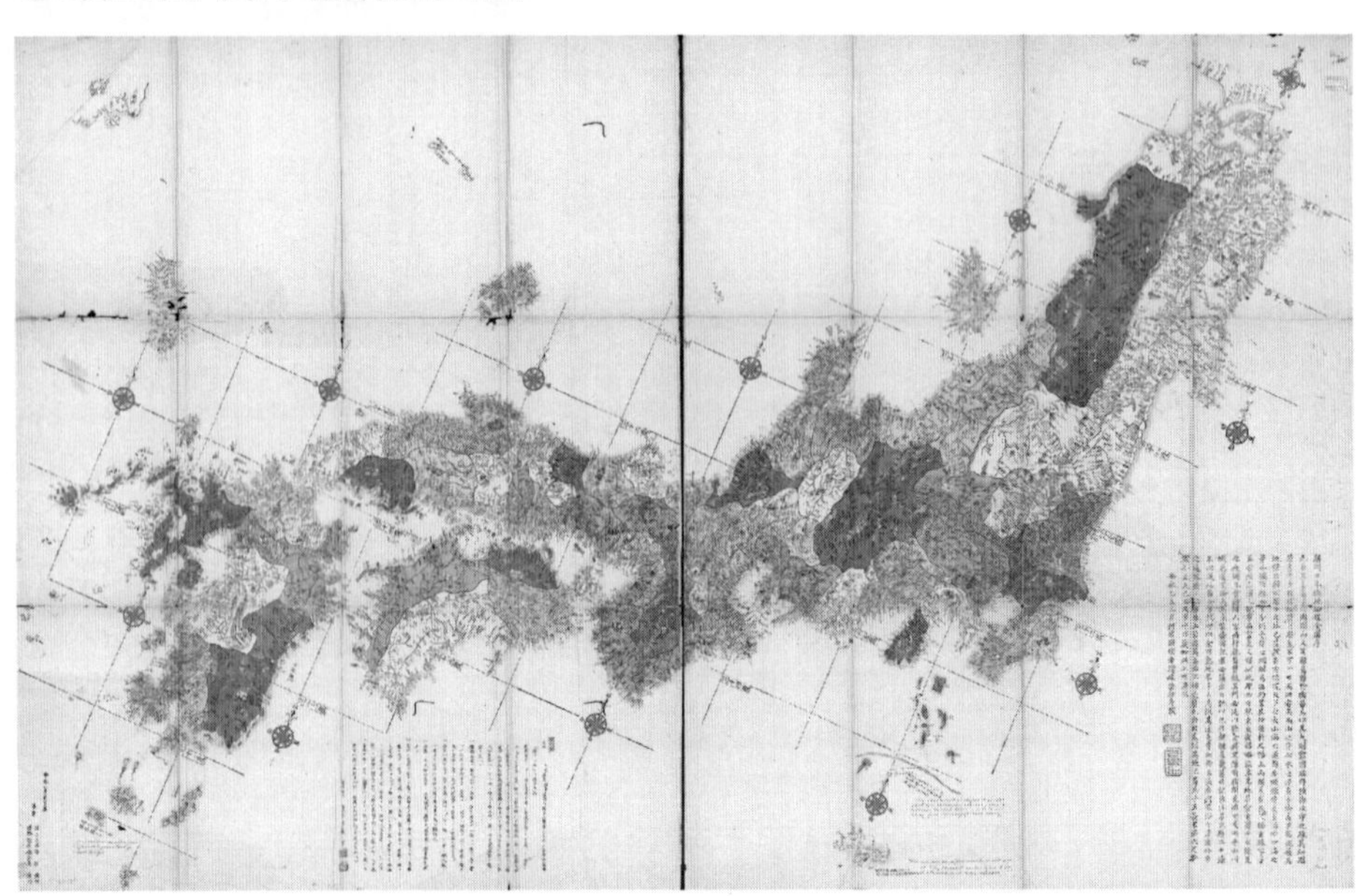

大日本沿海輿地全図（伊能図）

忠敬が亡くなった後、忠敬の弟子、測量に携わった人々は忠敬の残した資料をもとに地図を作る作業にとりかかりました。地図は、野帳（やちょう）とよばれるノートに書かれた、海岸線や街道すじの測量の結果に基づいて作られます。

忠敬とその弟子たちによって作られた大日本沿海輿地全図（だいにほんえんかいよちぜんず）は「伊能図」とも呼ばれています。それは「縮尺36000分の1の大図」、「216000分の1の中図」、「432000分の1の小図」の3種類があり、大図は214枚、中図は8枚、小図は3枚で全測量範囲（日本全土）をカバーしています。この他に特別大図や特別小図、特別地域図などといった特殊な地図も存在するという、至れり尽くせりのものでした。作成者グループの苦労が偲ばれます。

いうまでもなく、伊能図は日本で初めての実測による日本地図です。しかし測量は主に「海岸線と主要な街道に限られていた」ため、内陸部の記述は乏しいです。測量していない箇所は空白となっていますが、蝦夷地については間宮林蔵の測量結果を取り入れています。

地図には沿道の風景や山などが描かれ、絵画的に美しい地図になっている点も特徴の1つといえるでしょう。途中で作った地図の中には忠敬自作のものもあるのでしょうが、最後は弟子たちによって完成されました。

精度

忠敬は地図を作る際、地球を球形と考え、緯度1度の距離は28・2里としました。そしてこの前提のもと、測量結果から地図を描き、その後、経度の線を計算によって書き入れました。したがって伊能図の経緯線はヨーロッパのサンソン図

●鳥海山付近の測量図

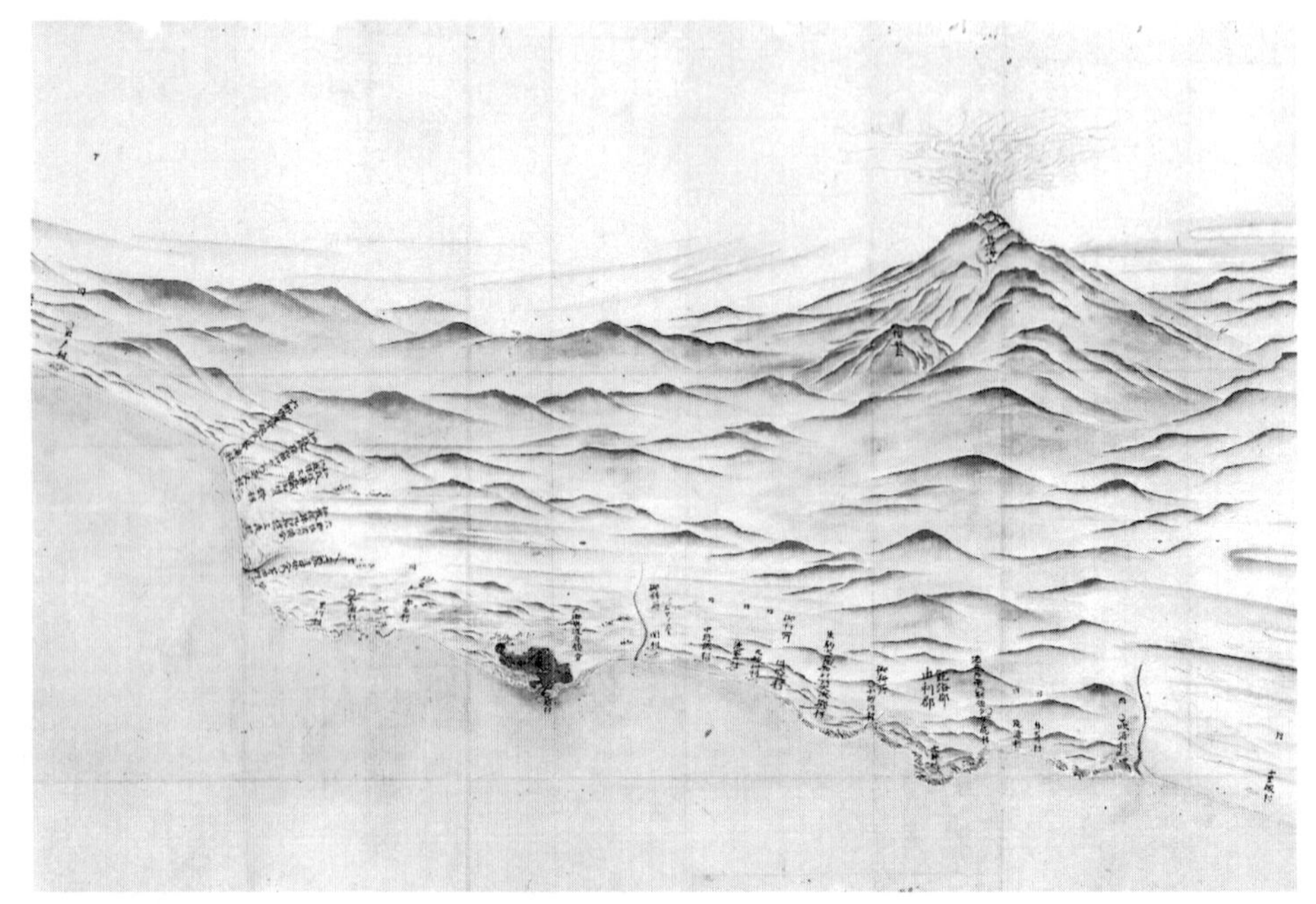

※千葉県香取市伊能忠敬記念館所蔵

法(第5章133ページを参照)と原理的に同じです。

忠敬が求めた緯度1度の距離は、現在の値と比較して誤差がおよそ1000分の1と、当時としては極めて正確でした。そのため緯度に関しては、各地の緯度も天体観測により多数測定することができました。また、緯度に関してはわずかな誤差しか見られません。

しかし、経度については、天体観測による測定が十分にできなかったこと、地図投影法の研究が足りず各地域の地図を1枚にまとめるときに接合部が正しくつながらなかったこと、あとから書き加えた経線が地図と合っていなかったことなどの理由で、特に北海道と九州において誤差が生じていることが指摘されています。

その後の伊能図

伊能図の大図については、幕府に献上された正本は明治初期、1873年の皇居炎上で失われ、伊能家で保管されていた写しも関東大震災で焼失したとされます。しかし2001年、アメリカ議会図書館で写本207枚が発見されました。その後も各地で発見が相次ぎ、現在では地図の全容がつかめるようになっています。

忠敬死後、地図は幕府の紅葉山文庫に納められました。その後の文政11年（1828年）、シーボルトがこの日本地図を国外に持ち出そうとしたことが発覚し、これに関係した日本の蘭学者の高橋景保（高橋至時の長男）などが処罰されるシーボルト事件が起こりました。ただし、シーボルトは内陸部の記述を正保日本図などで補っているため、実際の地形と異なる地形が描かれています。

江戸時代を通じて伊能図の正本は国家機密として秘匿されましたが、シーボルトが国外に持ち出した写本をもとにした日本地図が開国とともに日本に逆輸入されてしまったため、秘匿の意味がなくなってしまいました。慶応年間に勝海舟が海防のために作成した地図は、逆輸入された伊能図をモデルとしていることが知られています。

伊能図は明治時代に入って、「輯製（しゅうせい）（編集によって作られたという意味）二十万分一図」を作成する際などに活用されました。この地図は、のちに三角測量を使った地図に置き換えられるまで使われ続けました。

シーボルト事件

忠敬が74歳でこの世を去った3年後の文政4年（1821年）、最終版伊能図は「大日本沿海実測録」という14巻からなる実測記録とともに、弟子達によって幕府に提出されました。正式名は「大日本沿海輿地全図」（大図214枚・中図8枚・小図3枚）と命名されました。

シーボルト

オランダ人シーボルトは出島商館医として来日しました。長崎の村はずれである鳴滝の地に蘭学を教える「鳴滝塾」を構え、数々の門弟を世に輩出し、日本の医学に多大な影響を与えました。彼が起こした「シーボルト事件」の大きな要因となったのは、国防上の最高機密品であった「伊能図」の持ち出しでした。

文政11年（1828年）9月、シーボルトが帰国する直前、所持品の中に国外に持ち出すことが禁じられていた日本地図などが見つかり、それを贈った幕府天文方兼書物奉行の高橋景保他10数名が処分されました。シーボルト自身も出島に1年間軟禁の上、文政12年（1829年）、国外追放、再渡航禁止の処分になりました。これがシーボルト事件の大要です。

●シーボルト

樺太東岸の資料を求めていた高橋景保にシーボルトがクルーゼンシュテルンの書いた「世界周航記」などを贈り、その代わりに、景保は、最終版伊能図「大日本沿海輿地全図」の縮図をシーボルトに贈りました。この縮図をシーボルトが国外に持ち出そうとしたのです。

シーボルト事件余談

ある日、シーボルトは、江戸で幕府天文方高橋景保のもとに保管されていた「伊能図」を見せられました。地図は禁制品扱いでしたが、高橋は学者らしいシーボルトのために写しを作ることを同意しました。後のシーボルト事件はこの禁制の地図の写しを持ち出したことにあります。

シーボルトは危険を予知し、大急ぎで自作して持ち出したのでした。この伊能図の写しは、正しい日本の姿を現す日本地図として全世界に発信されてしまいました。

シーボルトが国外に持ち出した伊能図の写本は、日本に開国を迫った際にマシュー・ペリーも持参していました。ペリーは単なる見取図だと思っていましたが、日本の海岸線を測量してみた結果、きちんと測量した地図だと知って驚いたといいます。

ちなみに、シーボルト事件は、伊能忠敬に測量技術を学び、享和3年（1803年）に西蝦夷地を測量した間宮林蔵の密告によるものというのが有力説のようです。間宮は、当時、長崎奉行を経て勘定奉行となった遠山左衛門尉景晋（さえもんのじょうかげくに）（名奉行といわれた遠山金四郎の子供）の部下となり、幕府の隠密として全国各地を調査していたのでした。

Chapter. 2
礎を築く伊能忠敬

SECTION 06

幼少時代

伊能忠敬が大日本沿海輿地全図の作成にかかったのは50歳で隠居(いんきょ)してからのことです。現代の50歳は働き盛りの壮年期ですが、「人生50年と言われた江戸時代では老年と言わなければならなかったのでしょう。

忠敬の人生を代表する大事業の日本全図作成はいわば現役を退いた後の残りの人生で行ったようなものだったのです。

出生

忠敬は江戸時代末期の延享(えんきょう)2年(１７４５年)1月11日、上総国(かずさのくに)山辺郡小関村(現・千葉県山武郡九十九里町小関(九十九里浜のほぼ中央)の名主(なぬし)、小関五郎左衛門家で3人兄弟の末子として生まれました。幼名は三治郎といいました。

九十九里海岸に面した小関村は鰯のよく取れる村であり、中でも小関家は代々網元を務める家であり、裕福な家でした。

父親の神保貞恒(さだつね)は武射郡小堤(おんづみ)村(現・千葉県山武郡横芝光町小堤)のこれまた裕福な酒造家の次男で、小関家には婿入りをし、三治郎の他に男1人女1人、計3人の子供をつくりました。つまり、三治郎は3人兄弟の末子だったのでした。

名主

ここで、後に伊能家の財政状態の参考になりますので、当時の名主とはどのようなものだったのか簡単にみておきましょう。

① 地位

名主は庄屋（しょうや）・肝煎（きもいり）などとも呼ばれ、江戸時代の村役人である地方三役の1つで、身分が武士の郡代（ぐんだい）・代官のもとで村政を担当した村の首長のことをいいます。いずれも中世からの伝統を引く語で、庄屋は「荘（庄）園の屋敷」、名主は「中世の名主」からきた語とされています。概して庄屋は関西で、名主は関東で、肝煎は東北・北陸で用いられたようです。農村部での名主の身分は農民でしたが都市部では町民でした。

名主の多くは、武士よりも経済的に裕福で、広い屋敷に住み、広大な農地を保有し、また、文書の作成に携わるという仕事柄、村を代表する知識人でもありました。江戸時代に名主を務めた家系は、もともと名門家系だったことが多く、戦国武将の有力な家臣が、江戸時代に入って名主となったケースが多いようです。そのため、名主本人はもとより、家族は村民から「○○様」と様付けで呼ばれることもありました。

② 機能

大名は10万石以上の裕福な大名主もいたと伝えられています。当時のならいにしたがって有力家による世襲が行われました。

名主は年貢諸役や行政的な業務を村請する下請けなどを中心に、村民の法令遵守・上意下達・人別支配・土地の管理などの支配にかかわる諸業務を下請けしました。また用水路など土木工事を発注し監督もしました。

名主は身分としては百姓ではあるものの、一般農民よりは一段高い階層に属し、その屋敷に門を構えたり、母屋に式台を設けることができ、着衣や履物にも絹物や雪駄（せった）(畳表を貼った草履)の着用など特例が許されていました。日常業務を自宅で行い、名主宅には組頭等の村役人が集まり、年貢・村入用の割当てをしたり、領主から命ぜられる諸帳簿や、村より領主への願書類等の作成に当りました。

なお、城下町などの町にも町名主（まちなぬし）がおり、町奉行、また町年寄（まちどしより）のもとで町政を担当しました。

③ 能力

名主は領主からの触書（ふれがき）、廻状類は、それを帳面に書き写したうえで、原文を定使に命じて隣村へ持って行かせる役をしていました。ほとんどの公文書には名主の署名・捺印が必要とされ、村人相互の土地移動(主として質地)にも名主の証印が必要とされる場合が多く、そのため最低限の読み書き算盤の能力が必要でした。

名主は社会の支配機構の末端機関に奉仕する立場上、年貢の減免など、村民の請願を奉上する役目もありました。このように支配階級の末端としての面と被支配階級の代表者としての面を共に持つのが名主だったのです。

第二次大戦後、農地改革とともに消滅しましたが、地方によっては今もその家柄が保たれているところがあるようです。

両親との別れ

忠敬が6才のときに母が亡くなりました。この地方は「長子相続制・姉家督(かとく)」という特有の伝統があり、女でも長子が家督を継ぐ習慣がありました。母は長子だったので、約15キロ北にある小堤村(おんずみむら)(現在の横芝光町)の名主・神保家から婿を迎えていました。それが忠敬の父にあたります。

姉家督制度では女(嫁)が死亡すると、婿は自動的に離縁されて実家に帰るのがしきたりでした。そのため母が死亡すると、婿の父は離縁になり、小関家は叔父が継ぐことになりました。婿養子だった父・貞恒は三治郎の兄と姉を連れて実家の小堤村の神保家に戻りましたが、三治郎だけは祖父母の元(小関家)に残りました

父は兄と姉だけを連れて帰り、幼い三治郎はなぜか、ひとり小関家に残されたのでした。小関家での三治郎の生活状況について、詳しくはわかっていません。当時の小関村は鰯漁が盛んで、三治郎は網などの漁具が収納されてある納屋の番人をしていたと伝えられています。

しかし決して小関家から疎まれていたわけではありませんでした。後に見るような事情があって、大切に預かられていたのではないかと推測されています。

少年期・青年期

10歳のとき、忠敬は小堤村の父、神保家のもとに引き取られました。神保家は父の兄である宗載（むねのり）が継いでいたため、父は当初そこで居候（いそうろう）のような生活をしていましたが、やがて分家として独立して一家をかまえました。

神保家での三治郎の様子についても文献が少なく、詳細はあまり知られていません。一説には、三治郎の神保家での暮らしは落ち着いたものではなく、親戚や知り合いのもとを転々と流浪した時期があったといわれていますが詳細は不明です。これらは勉学のための流浪であり、学識のある親戚、友人の元を訪ねていたともいわれています。いわば現代の青年が友人と語り合っていたということかもしれません。あるいは、当時の漁師村特有の風習、寝屋子（ねやこ）に参加していたのかもしれません。寝屋子とは、今も島の漁村部に残っている風習で、同一地域の同年代の青年男性数人が一カ所の家に集まり、数日間から数週間、寝食を共にする風習のことです。参加した者の間には、一生忘れない一体感が涵養されるといいます。

いずれにしろ、忠敬にとっても青年期の不安を癒し、同じ村の同じ世代の青年と意見交換をする機会として大切なものだったのではないでしょうか。

結婚

伊能三郎右衛門家は下総国(しもふさのくに)香取郡佐原村(現・香取市佐原)にある酒造家で裕福な名主でした。伊能家では、忠敬(三治郎)が生まれる前の寛保2年(1742年)、当主の長由(ながよし)が、妻・タミと1歳の娘・ミチを残して亡くなりました。長女のミチが14才になったとき、伊能家の跡取りとなるような婿をもらいましたが、その婿も数年後に亡くなりました。そのためミチは、再び跡取りを見つけなければならなくなったのでした。

伊能家・神保家、両方の親戚である平山藤右衛門(タミの兄)は、土地改良工事の現場監督として忠敬を使ったことがありました。すると忠敬は若輩ながらも有能ぶりを発揮しました。そこで忠敬を伊能家の跡取りにと薦め、親族もこれを了解しました。

このようなことで三治郎は伊能家へ婿入りする形でミチと結婚することになりまし

た。その際、三次郎は、伊能家の知り合い学者から、「忠敬」という名をもらい、以降忠敬と名乗ることになったのでした。

宝暦12年（1762年）12月8日に忠敬とミチは婚礼を行いました。このとき忠敬は満17歳、ミチは21歳で、前の夫との間に残した3歳の男子が1人いました。忠敬は、始め通称を源六と名乗りましたが、後に三郎右衛門と改め、その後、伊能三郎右衛門忠敬と名乗りました。

佐原時代

忠敬が入婿した時代の佐原村は、利根川を利用した舟運の中継地として栄え、人口はおよそ5000人という、関東でも有数の大きな村でした。舟運を通じた江戸との交流も盛んで、物資の他に、人や情報も多く行き交いました。このような佐原の情報土壌はのちの忠敬の活躍に大きな影響を与えたものと考えられています。

当時の佐原村は天領（幕府直轄地）で、武士は1人も住んでおらず、村政はもっぱら村民の自治に任されていました。その村民の中でも特に経済力があり村全体に大きな発言権を持っていたのが、共に名主を務める永沢家と伊能家でした。

伊能家は酒、醤油の醸造、貸金業、利根川水運など広く事業を行っていましたが、当主不在の時代が長く続いたために事業規模を縮小していました。一方、永沢家は事業を広げて名字帯刀（みょうじたいとう）（苗字を名乗り、正式な場では裃（かみしも）を着て刀を所持できる資格）という当時の農民や町民にとっては、大変に名誉な身分となり、伊能家とハッキリと差をつけていました。そのため伊能家としては、家の再興のため、新当主の忠敬に期待するところが多かったのでした。

結婚して10年も経った頃、忠敬は比較

●佐原の町並み　伊能忠敬旧宅

的安定した生活を送っていました。安永3年（1774年）、忠敬29歳のときの伊能家の収益は総計で351両1分になっていました。江戸時代の貨幣価値を現在に換算するのは複雑で面倒ですが、小判に含まれる金の量で現在価格に換算してみましょう。当時一般に流通していた安政小判は1枚（1両）の重さが8・98gで金の含有率は56・8％でしたから金の重量は5・10gです。2025年2月25日現在の金価格は1gが1万5705円ですから、1両が約8万円ほどになります。

一般的には昔の1両は約10万円といいますから、これを用いて計算すると伊能家の年間収益は3510万円となり、意外と少額のように思えますが、内内の暮らし向きは多くが自作自消のような当時、実際にはもっと価値があったのではないでしょうか。

壮年期

天明元年（1781年）、義理の父親の三郎右衛門が死去すると、代わりに忠敬が36歳で名主となったのでした。

洪水対策

忠敬が名主を務めた佐原の町は昔から大雨が降ると利根川堤防が決壊し、大きな被害を受けていました。いったん洪水が起きてしまうと田畑の形が変わってしまうため、改めて測量して境界線を引き直さなければなりません。忠敬は江戸に出る前から測量や地図作成の技術をある程度身に付けていましたが、それはこうした地で名主などの重要な役に就いていたという経験によるところが大きいと考えられます。

つまり忠敬は、洪水の多い危険な土地に住むという、普通なら大きなハンデと思われる条件を、知らず知らずのうちに利点に換えていたのです。これも忠敬の不利を不利と思わず、平常心で立ち向かうという持って生まれた心の持ちようが大きく影響していたのではないでしょうか?

さらに、忠敬は尊敬する先祖にも恵まれていました。祖先の伊能景利は隠居してから膨大な記録をまとめるという仕事に取り組み、また、忠敬の家から川を挟んで向かい側に住んでいた楫取魚彦という人も、隠居後に江戸へ出て国学者や歌人として活動しています。忠敬はこの2人の生き方からも大きな影響を受けたことでしょう。

天明の飢饉

天命3年(1783年)、浅間山が大噴火(天明大噴火)を起こし、大気中に漂った噴煙のおかげで日光が地面に届かず、日本は日光不足と低温で作物が育たず、大飢饉となりました。これは天明の飢饉と呼ばれる全国的な飢饉であり、夏から秋にかけて雨の日が多く、低温が続きました。奥羽(東北)地方の被害がとくにひどく、津軽藩(青森県)では13万人あまりの餓死者が出たといいます。

佐原村もこの年、米が不作となりました。忠敬は他の名主らとともに地頭所に出頭し、年貢についての配慮を願い出ました。その結果、この年の年貢は全額免除となり、さらに、「御救金」として100両が下されました。

一方その頃、妻・ミチは重い病にかかり、同じ年の暮れに42歳で亡くなったのでした。

地頭の津田氏は佐原村の年貢を免除していましたが、一方で伊能家や永沢家に金の無心を度々していました。そのため、両家は地頭に対して多くの貸金を持つようになり、地頭所や村民に対し、より一層の発言力を持つようになりました。そ

●天明大噴火（浅間山夜分大焼之図）

して忠敬は、天明3年（1783年）9月には津田氏から名字帯刀を許されるようになり、さらに天明4年（1784年）には、名主の役を免ぜられ、新たに村方後見の役を命じられたのでした。

村方後見は名主を監視する権限を持っており、これは忠敬のライバルともいうべき永沢治郎右衛門も就いている役でした。こうして忠敬は、永沢とほぼ同格の扱いを受けることができるようになったのでした。

一揆騒動

村人の窮乏はその後も続きましたので、忠敬は村の有力者と相談しながら、身銭（みぜに）を切って米や金銭を分け与えるなど、貧民救済に取り組みました。各地区で、貧困で暮らすにもままならない者を調べ上げてもらい、そのような人には特に重点的に施しを与えました。また、他の村から流れ込んできた浮浪人には、一人につき一日一文を与えた他、質屋にも金を融通し、村人が質入れしやすくなるようにしました。翌年もこうした取り組みを続け、村やその周辺の住民に米を安い金額で売り続けたのでした。

このような活動によって、佐原村からは一人の餓死者も出なかったといいます。

天明7年（1787年）5月、江戸で天明の打ちこわしが起こると、この情報を聞いた佐原の商人たちも、打ちこわし対策を考えるようになりました。このとき、皆で金を出しあって地頭所の役人に来てもらい、打ちこわしを防いでもらってはどうかという意見が出されました。しかし忠敬は、「役人は頼りにならない」と反対しました。そして、「役人に金を与えるならば農民に与えた方がよい。そうすれば、打ちこわしが起きたとしても、その農民たちが守ってくれる」と主張しました。

この意見が通り、佐原村は役人の力を借りずに打ちこわしを防ぐことができたのでした。忠敬が貧民救済に積極的に取り組んだことについては、村方後見という立場からくる使命感、伊能家や永沢家が昔から貧民救済を行っていたという歴史、そして農民による打ちこわしを恐れたという危機感など、いくつかの理由が考えられます。

一方、佐原が危機を脱したところで、忠敬は持っていた残りの米を江戸で売り払い、これによって多額の利益を得ることができたのでした。忠敬の「したたかな商人根性」、今でいえば「経済人としての合理性」を見ることができると言っていいでしょう。

隠居時代

寛政2年(1790年)、忠敬は妻・ミチが死去してから間もなく、仙台藩医である桑原隆朝の娘・ノブを内縁の妻として迎え入れました。

このころ、長女のイネはすでに結婚して江戸に移っており、長男の景敬は成年を迎えていました。忠敬は、景敬に家督を譲り、自分は隠居して新たな人生を歩みたいと思うようになっていったのでした。

隠居への思い

寛政2年、忠敬は地頭所に隠居を願い出ました。しかし地頭の津田氏はこの願いを受け入れませんでした。これは、当時の津田氏は代替わりしたばかりのころだったため、まだ村方後見として忠敬の力を必要としていたからでした。地頭所には断られましたが、忠敬の隠居への思いは、なお強かったようでした。

このころ、忠敬が興味を持っていたのは、暦学でした。忠敬は江戸や京都から暦学の本を取り寄せて勉強したり、天体観測を行ったりして日々を過ごし、店の仕事は実質的に景敬に任せるようにしていました。

天体観測

寛政5年(1793年)、忠敬は友人とともに、3カ月にわたって関西方面への旅に出かけました。その際、各地で測った方位角や、天体観測で求めた緯度などが記されており、測量への高い関心がうかがえます。

寛政6年(1794年)、忠敬は隠居の願いを出し、家督を長男の景敬に譲り、通称を勘解由(かげゆ)(伊能家が代々使っていた隠居名)と改め、江戸で暦学の勉強をするための準備に取り掛かりました。その最中の寛政7年(1795年)、妻・ノブは難産が原因で亡くなりました。

高橋至時に師事

寛政7年（1795年）、50歳の忠敬は江戸へ行き、深川黒江町に家を構えました。ちょうどその頃、江戸ではそれまで使われていた暦を改める動きが起こっていました。当時の日本は宝暦4年（1754年）に作られた宝暦暦（ほうりゃくれき）が使われていましたが、この暦は日食や月食の予報を度々外していたため、評判がよくありませんでした。

そこで江戸幕府は改暦に取り組むことにしました。しかし幕府の天文方には改暦作業を行えるような優れた人材がいなかったため、民間で特に高い評価を受けていた麻田剛立一門の高橋至時（よしとき）と間重富（はざましげとみ）に任務にあたらせることにしました。

至時は寛政7年（1795年）4月、重富は同年6月に江戸に出ました。忠敬が江戸に出たのは同年の5月のため、2人の出府と時期が重なります。改暦の動きは秘密裏に行われていたのですが、この時期の符合から、忠敬は事前に2人が江戸に来ることを知っていたとも考えられています。その情報元として、忠敬の妻ノブの父親である桑原隆朝を挙げる説もあります。桑原は改暦を推し進めていた堀田正敦と強いつながりがありました。そのため桑原は、堀田から聞いた改暦の話を忠敬に伝えていたのではないかといいます。同年、忠敬は頼みこんで高橋至時の弟子となりました。50歳の忠敬に対し、師匠の至時は31歳でした。

江戸に出てからの結婚

忠敬は江戸に出てから、エイ(栄)という女性を妻に持ちました。このエイが忠敬の大切な戦力となったのでした。至時は重富に宛てた手紙の中で、この女性のことを「才女と相見候。素読を好み、四書五経の白文を、苦もなく読候由。算術も出来申候。絵図様のもの出来申候。象限儀形の目もり抔、見事に出来申候」と褒め称え、このような女性と結婚した勘解由は幸せ者だと綴っています。

江戸で忠敬が行った天体観測についても、妻の手助けがあったのではないかと推測されています。エイについては、長年にわたり謎の人物とされていましたが、1995年、この人物は女流漢詩人の大崎栄であることが明らかになりました。エイはのちの忠敬の第一次測量のときは佐原に預けられましたが、その後は忠敬の元を離れて文人として生き、忠敬と同じ文政元年(1818年)にこの世を去っています。

測量の許可

忠敬と至時が地球の大きさについて思いを巡らせていたころ、蝦夷地では帝政ロシアの圧力が強まってきていました。

寛政４年（１７９２年）にロシアの特使アダム・ラクスマンは根室に入港して通商を求め、その後もロシア人による択捉島（えとろふとう）上陸などの事件が起こりました。日本側も最上徳内、近藤重蔵らによって蝦夷地の調査を行いました。また、堀田仁助は蝦夷地の地図を作成しました。

幕府への請願

至時はこうした北方の緊張を踏まえたうえで、蝦夷地の正確な地図を作る計画を立て、幕府に願い出ました。蝦夷地を測量することで、地図を作成するかたわら、子午線一度の距離も求めてしまおうという狙いでした。そしてこの事業の担当として忠敬があてられたのです。忠敬は高齢な点が懸念されましたが、測量技術や指導力、財力などの点で、この事業にはふさわしい人材であったのでした。

しかし至時の提案は、幕府には、すんなりとは受け入れられませんでした。一方、寛政11年（1799年）から寛政12年（1800年）にかけて、佐原の村民たちから、それまでの功績をたたえて伊能忠敬・景敬親子に幕府から直々に名字帯刀を許可していただきたいとの箱訴（目安箱による訴え）が出されましたが、これも、忠敬が立派な人間であることを幕府に印象づけて、測量事業を早く認めさせるという狙いがあったものとみられています。

この箱訴は第一次測量後の享和元年（1801年）に認められ、忠敬はそれまでの地頭からの許可に加え、幕府からも名字帯刀を許されることとなりました。ただし、忠敬は、測量中は方位磁針が狂うのを防ぐために、竹を削って刀身に見せかけた竹光を所持していたといいます。

幕府の許可

幕府は寛政12年の2月頃に、測量は認めるが、荷物は蝦夷まで船で運ぶと定めました。しかし、船で移動したのでは、道中に子午線の長さを測るための測量ができません。忠敬と至時は陸路を希望し、地図を作るにあたって船上から測量したのでは距離がうまく測れず、入り江などの地形を正確に描けないなどと訴えました。その結果、希望通り陸路を通って行くこととなりましたが、測量器具などの荷物の数は減らされてしまいました。

同年4月14日、幕府から正式に蝦夷測量の命令が下されました。ただし目的は「測量」ではなく「測量試み」とされました。このことから、当時の幕府は忠敬をあまり信用しておらず、結果も期待していなかったことがうかがえます。忠敬は「元百姓・浪人」という身分で、1日当たり銀7匁(もんめ)5分(1匁＝3・75g)つまり銀28・1g、銀価格(2025年2月25日現在175・12円)で日当4920円が支給されることになりました。

忠敬は出発直前、蝦夷地取締御用掛の松平信濃守忠明に申請書を出しましたが、そこでは自らの思いが次のように綴られています。

(前略)私は若い時から数術が好きで、自然と暦算をも心掛け、ついには天文も心掛けるようになりましたが、自分の村に居たのでは研究も思うようには進まないので、高橋作佐衛門様の御門弟になって六年間昼夜精を出して勉めたおかげで、現在は観測などもまちがいないようになりました。この観測についてはいろいろな道具をも取りそろえ、身分不相応の金もつかいました。隠居のなぐさみとはいいながら、私のようなものがこんな勝手なことをするのはまことに相済まないことでございます。したがって、せめては将来の御参考になるような地図でも作りたいと思いましたが、御大名様や御旗本様方の御領内や御知行所などの土地に間棹や間縄を入れて距離を測りましたり、大道具を持ち運ぶなどいたしますとき、必ず御役人衆の御咎にもあうことでありましょうし、とても私どもの身分ではできないことでございます。(中略)ありがたいことにこのたび公儀の御声掛りで蝦夷地に出発できるようになりました。ついては、蝦夷地の図と奥州から江戸までの海岸沿いの諸国の地図を作って差し上げたいと存じますので、この地図が万一にも公儀の御参考になればかさねがさねありがたいことでございます。(中略)地図はとても今年中に完成できるわけではなくおよそ三年ほど手間取ることでございましょう。(後略)

ここでは蝦夷地だけでなく、奥州から江戸までの海岸線の地図作成についても述べられています。このことから、忠敬は最初から日本全国の測量が念頭にあったのではないかとも考えられていますが、その見解に対しては異論もあるようです。

Chapter.3
測量の器具と技術

測量の理論

辞書の広辞苑によれば「測量」とは次のようなことと書かれています。

① 器械を用い、物の高さ、深さ、長さ、広さ、距離を測り知ること。
② 地上の各点相互の位置を求め、ある部分の位置、形状、面積を測定し、これらを図示する技術。

また、測量法における測量の言葉の定義としては「土地の測量をいい、地図の調製および測量用写真の撮影を含む（測量法第3条）」とあります。現代では一口に測量といっても、いくつかの種類があり、基本測量、地形測量、写真測量、応用測量等がありますが、身近な測量としては、現地測量（現況測量）と用地測量（境界確定測量）でしょう。伊能忠敬の行った測量は現地測量ということになります。

測量の歴史

測量の歴史は古く、古代エジプトの時代から行われてきたとされます。古代エジプトでは毎年のようにナイル川の氾濫があり、水が引いた後には肥沃になった土地を元のとおりに再配分するために土地の測量が不可欠だったからです。

日本でも西暦700年頃には、班田収授法(田を人々に分け、収穫から祖税を徴収する法)や豊臣秀吉が行った太閤検地など、時の権力者である政府は必ず土地を測量し、その結果を年貢の徴収などに利用してきました。

しかし、少なくとも日本では江戸時代末期に至るまで、正確な日本全図はなく、日本という国家全体はもちろん、加賀藩、島津藩などという各藩の正確な地図すら作られていませんでした。したがって、現代人なら誰もが慣れ親しんでいる日本全土の形(図形)は誰も知らなかったのです。

この日本全土の形を正確に測量し、日本国の正確な形を図形として人々に示したのが伊能忠敬ということになるのです。忠敬が、西暦1800年頃に、日本地図作成のため、全国で本格的な測量を行ったことについては、多くの方がご存じのとおりです。

ここでは忠敬がどのようにして測量を行ったのか、その方法論について見ていくことにしましょう。

天体観測

正確な測量には緯度と経度を知る必要があり、それを測定するには正確な天体観測が必要となります。

忠敬は高橋至時から天体観測についても教えを受けました。観測技術や観測のための器具については間重富が詳しかったので、忠敬は間を通じて何種類、何個もの高価な観測機器を購入しました。さらには、江戸の指物師（箱や引き出しなどの細かく精密な木工製品を作る職人）に協力してもらいました。さらに、自宅に腕の良い大工に天文台を作ってもらい、そろえた観測器具で毎日のように観測を行いました。取り揃えた観測機器は象限儀、圭表儀、垂揺球儀、子午儀などで、質量ともに幕府の天文台にも見劣りしなかったといいます。もちろん、これらの測量器具、天文台を作るためには多大な費用を要しますが、それは、忠敬自身の才覚と努力によって伊能家の資産として蓄えた財産から流用したものでした。しかし、器具は揃ってもその使用は難しく、観測はなかなかはかどらず、入門から4年が経った寛政10年(1798年)の時点でもまだ至時からの信頼は得られていませんでした。それでも忠敬は毎日観測を続け、太陽の南中(子午線経過)を測るためには、外出していても昼には必ず家に戻るようにしており、また、星の観測も悪天候の日を除いて毎日行ったといいます。至時と暦法の話をしていても、夕方になると話の途中で席を立って急いで家に帰り、懐中物や脇差を忘れて帰ったりもしたといいます。忠敬が観測していたのは太陽の南中以外にもあり、それは緯度の測定、日食、月食、惑星食、星食などでした。また、金星の南中を日本で初めて観測した記録も残っています。

●中象限儀

※千葉県香取市伊能忠敬記念館所蔵

子午線一度の距離測定

至時と間は、寛政9年（1797年）に新たな暦「寛政暦」を完成しました。しかし至時は、この暦に満足していませんでした。そして、暦をより正確なものにするためには、地球の大きさや、日本各地の経度・緯度を知ることが必要だと考えていました。

地球の大きさは、緯度1度に相当する子午線弧長を測ることで計算できますが、当時日本で知られていた子午線1度の相当弧長は25里（1里＝約3・9㎞）、30里、32里とまちまちで、どれも信用できるものではありませんでした。

忠敬は、自ら行った観測により、黒江町の自宅と至時のいる浅草の暦局の緯度の差は1分（1度＝60分）ということを知っていました。そこで、両地点の南北の距離を正確に求めれば1度の距離を求められると思い、実際に測量を行いました。そしてその内容を至時に報告したのですが、至時からは「両地点の緯度の差は小さすぎるから正確な値は出せない」と一蹴されてしまいました。

そして「正確な値を出すためには、長距離を図らなければならない。それには江戸から蝦夷地（えぞち）（現在の北海道）ぐらいまでの長距離を測ればよいのではないか」と提案されました。これが忠敬の蝦夷地測量の直接な動機となったのです。つまり、忠敬の目的は「蝦夷地の測量」ではなく「蝦夷地までの正確な距離の測定」にあったのです。

測量隊

測量する集団は「伊能忠敬測量隊」といわれるように、最初は忠敬を中心に、幾人かの助手や手伝いの人で、測量をしました。

忠敬の測量は、「子午線（しごせん）の長さを求めてみたい」という興味から、ボランティアのような形で測量を始めましたから、初めは忠敬だけが測量をする人でした。しかしその後は、幕府の仕事として認められ、役所の手助けを受けるようになりました。測量隊員も、忠敬の身内の者だけではなく、天文方（現在の気象庁）といった役所の技術者も、参加するようになり、測量隊の人数も増えました。

そして、忠敬から教えを受けた、優れた技術者を中心にして、いくつかの班に分かれて測量をするようにもなりました。

SECTION 12

距離測量と測量器具

測量のためにはいろいろの器具、道具が必要になります。それらの多くの物は専門家が作ったものですが、簡単なものは測量隊が自作しました。

忠敬の使った測量器械のうち、北極星など、恒星の天体の高さを測って緯度を求める「象限儀（しょうげんぎ）」は、大阪の間が当時の中国の本にあるものを参考にして作ったといいます。

また、山や海岸線などの方向をはかる、磁石つきの「小方位盤（しょうほういばん）」も、もとは中国やオランダなどの本を参考にして作りましたが、のちに忠敬や至時の意見をとり入れて、間が改良しました。

●小象限儀

※千葉県香取市伊能忠敬記念館所蔵

測定補助機器

① 梵天（ぼんてん）

長さ2ｍほどの棒の先端に紙や布でできたリボンをつけたもので、一定区間の距離を測る際に起点と終点に立てて目印としました。

② 間棹（けんざお）

正確の長さにした木製の定規で、両端に真鍮（銅と亜鉛の合金で金色）製の帽子をかぶせています。

距離測量

測定の基礎になるのが2点間の距離です。

●間棹

①歩幅

忠敬は第一次測量には歩測を用いたようです。佐原駅前の床には、かつて伊能忠敬の実物大の歩幅が表示されていましたが、それによるとおよそ69㎝だったようです。忠敬は訓練して一定の歩幅で歩けるようになったといいます。

②間縄（けんなわ）・鉄鎖

第二次測量からは歩測の代わりに麻の縄を使って海岸線を測量しました。しかし縄は伸び縮みして正確な距離が測れなかったため、第三次測量からは新たに考案された鉄鎖が使われました。鉄鎖が使えないような場所では引き続き間縄が使われましたが、藤づる

●鉄鎖

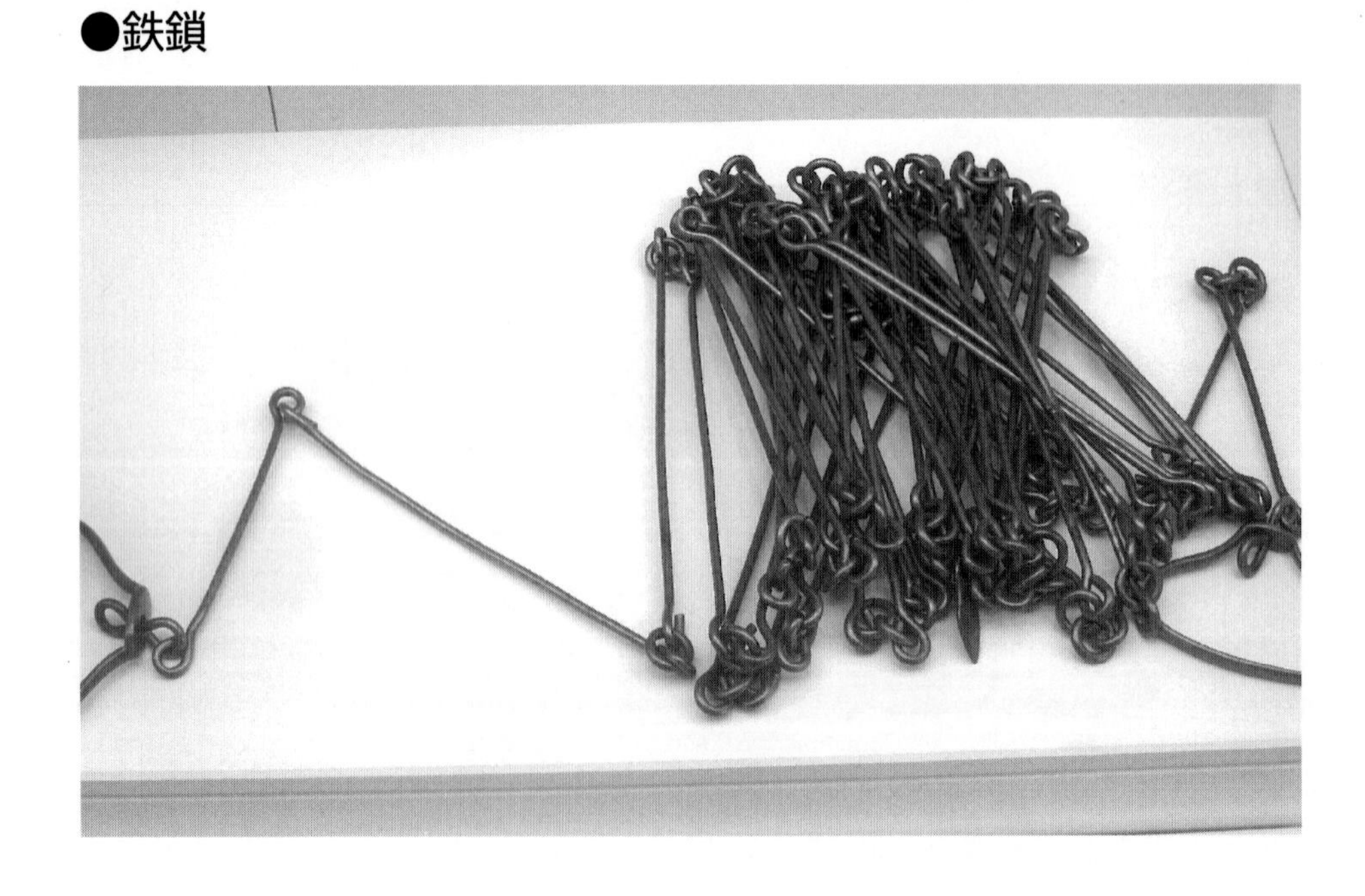

を編んだ藤縄や、鯨の鰭を裂いて編んだ鯨縄を使うといった工夫を加えました。

鉄鎖は、両端を輪のように加工した長さ一尺（約30㎝）の鉄線を60本つないだ鎖で、伸ばすと長さは十間（じっけん）（1間＝約1・8ｍ）となります。間縄は古くから使われていた方法ですが、高橋至時によると、鉄鎖は忠敬が初めて考案したものといいます。しかし鉄鎖も使っていくうちに摩耗するため、間棹で毎日長さを確認していたといいます。

③量程車

量程車（りょうていしゃ）とは車輪と歯車のついた箱状の測量器具です。地面に置いて車輪を転がしながら進むことによって、車輪に連動した歯車が

●量程車

※千葉県香取市伊能忠敬記念館所蔵

回り、移動した距離が表示されるようになっています。中国では古くから存在し、日本にもすでに伝わっていました。

量程車は、至時の考えをもとに作られました。忠敬は第二次測量の途中で高橋至時から量程車を受け取り、これを使って測量してみましたが、海岸線などの砂地や、凹凸のある道では、距離が正確に測れませんでした。そのため、以後は名古屋、金沢の城下など、限られた地域のみで使われ、西日本の測量においてはまったく使用されなかったようです。その他にも、いくつかの測量器械がありますが、いずれも、こまかなところは京都や江戸の時計職人が協力して作りました。

方位測量と測定器

方位の測定は大中小3種類の方位盤および半円方位盤を用いて行いました。

水平方向

水平面での角度測定には方位盤を用いました。

①小方位盤

小方位盤は杖の先に羅鍼盤(らしんばん)をつけたものです。わんか羅鍼、杖先羅鍼とも呼ばれました。羅鍼盤は杖を傾けても常に水平が保たれるようになっており、精度としては10分(6分の1度)単位の角度まで読むことができました。平地では三脚に固定して使用し、傾斜地では杖を地面に突き立てて使用しました。

小方位盤自体は当時よく使われていた器具でしたが、忠敬は羅鍼の形や軸受けの材質を変えるなどの工夫を加えました。小方位盤は忠敬の測量器具の中でもっとも重要なものといわれており、西日本を測量するころになると10個ほどを持っていっています。小方位盤は主に導線法と交会法において使われました。導線法で使う際には正・副2本の羅鍼盤を使って2点の両方から角度を測り、その平均を取るようにしました。

②**大方位盤**

大方位盤と中方位盤は実物が残っ

●わんか羅鍼（杖先方位盤）

※千葉県香取市伊能忠敬記念館所蔵

ていないために詳細は定かではありませんが、「量地伝習録」によるとこの方位盤は、脚のついた円形の盤の中央に望遠鏡を設置したもので、円盤には方位を測るための磁石が取りつけられるようになっており、また円盤の周囲には、角度がわかるように目盛りのついた真鍮の環が組み込まれています。さらに円盤の上には指標板というものが置かれており、これは望遠鏡と連動して円盤状を回転できるようになっています。

大方位盤と中方位盤は大きさが異なるだけで、外形や使用方法はほとんど変わらないといわれています。円盤の直径は大方位盤が2尺6寸(約78㎝　1尺＝約30㎝、1尺＝10寸)、中方位盤が1尺2寸(36㎝)です。これらの方位盤は、富士山など、遠くの目標物の方角を測るのに用いられました。円盤内の方位磁針の向きと、真鍮の環に刻まれた北を示す目盛りの向きを合わせてから、望遠鏡を目標物

●大・中方位盤

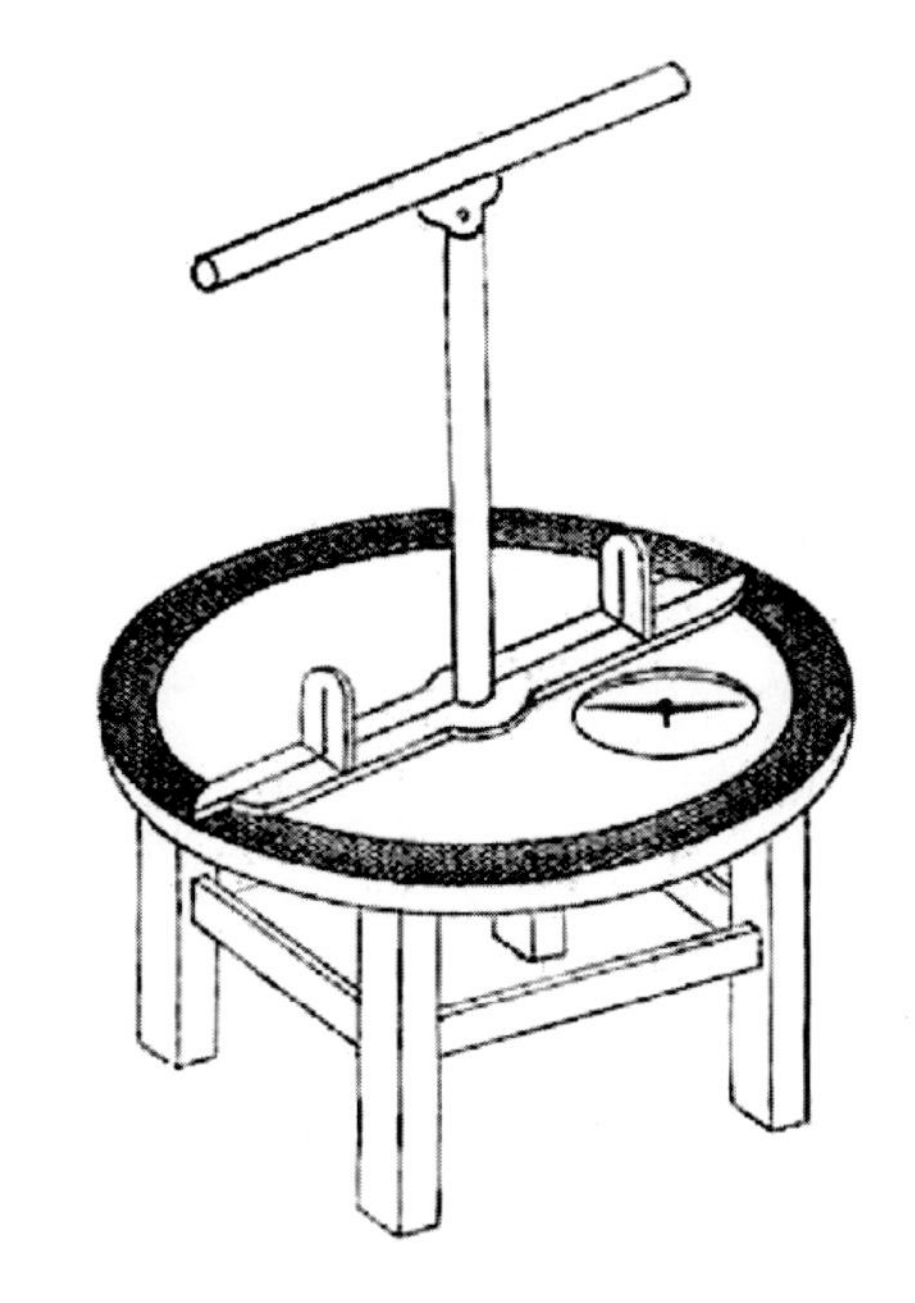

の向きに合わせると、指標板が求める方角を求めることができます。

大方位盤は精密な測定ができるため、高橋至時はこれを使って正確に方位を求めるべきだと主張しました。しかし忠敬は、「正しい位置に設置するための器具が不十分なので精度向上は見込めない」と反論したといいます。机上の理想論と現地の現実論の相違とでも言えばよいでしょうか?

また、大方位盤は運搬に手間がかかるという問題もありました。そのため第一次測量では使用せず、第二次測量でも途中で江戸に送り返しています。その後、第五次、第六次測量では使用しましたが、第七次、第八次測量ではそもそも持参していませんでした。

③ 中方位盤

中方位盤は大方位盤と比べて小型なため、第二次測量以降に使われています。第五次測量以降の記録では中方位盤の名前は見られませんが、忠敬は中方位盤のことを小方位盤と記すこともあるため、本当に使用されなかったかどうかは定かでありません。

④ 半円方位盤

半円方位盤はその名の通り半円形の方位盤です。大・中方位盤と同じように、目盛り付きの真鍮板と方位磁針が付属しています。また半円盤の上に視準器があり、これを半円盤上で回転させて目標物に合わせることで方角を求めることができます。

傾斜・高度測定

赤道の傾斜や星の高度は象限儀(しょうげんぎ)を使って求めました。象限儀の種類としては杖先小象限儀、大象限儀、中象限儀がありました。

●半円方位盤

※千葉県香取市伊能忠敬記念館所蔵

①小象限儀

2点間の距離を導線法により求めても、その2点間が坂道になっていると、地図に表すとき距離が異なってしまいます。この補正は、初めのうちは目測で傾斜角を測って補正していましたが、第三次測量からは杖先小象限儀を使うようになりました。

この象限儀は長さ一尺二寸（約36㎝）で、三脚に据えて、梵天を持っている人の目を目標にして測りました。測った角度は割円八線対数表と呼ばれる三角関数の対数表を利用して距離に換算しました。

●小象限儀

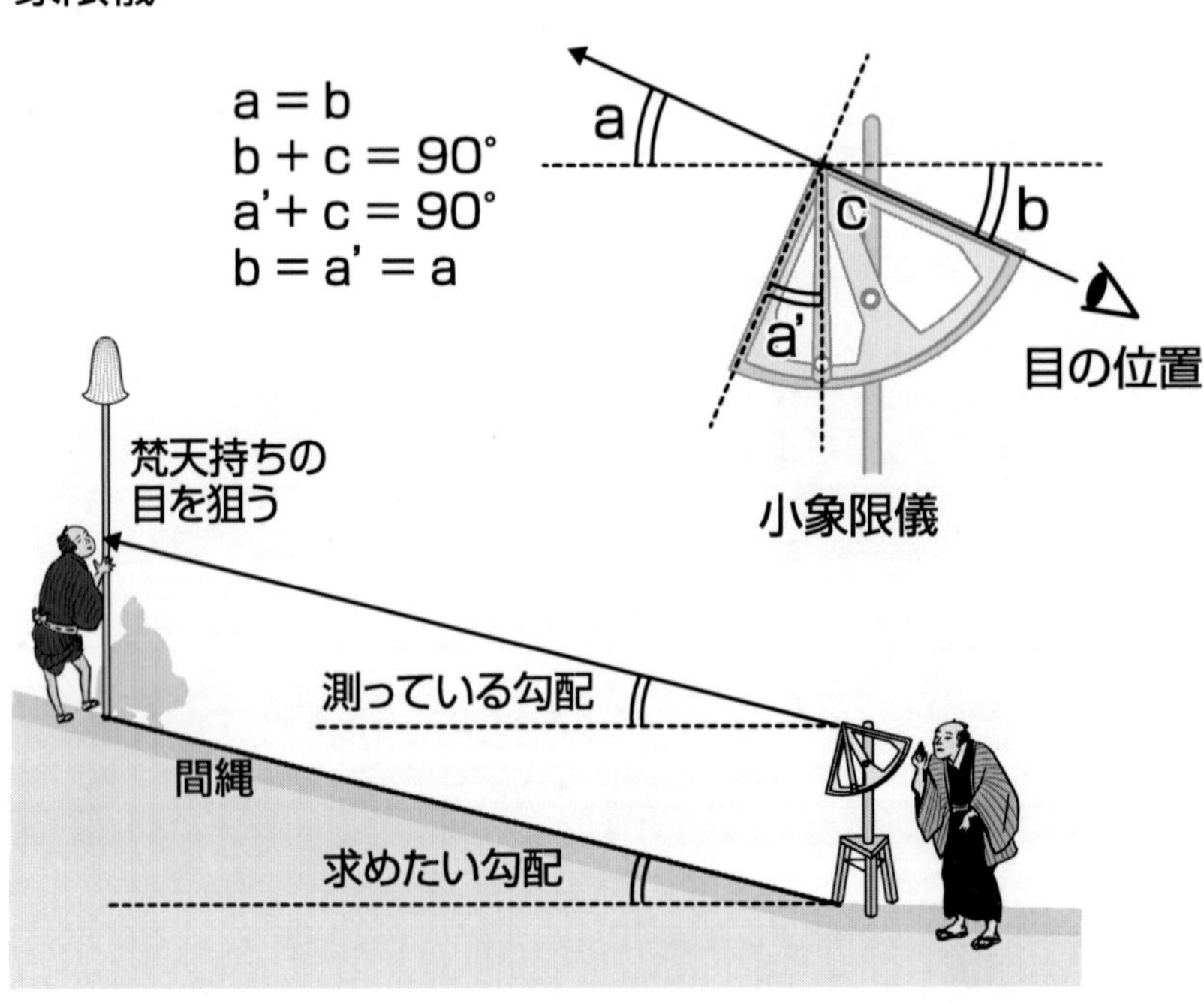

出典：国土地理院ウェブサイト（https://www.gsi.go.jp/common/000205802.pdf）をもとに作成

②大・中象限儀

恒星の南中高度を測るための象限儀は、大（長さ六尺）、中（長さ三尺八寸）の2種類が使われました。構造はどちらも同じです。大象限儀は江戸に常設しており、全国測量では中象限儀を使いました。この象限儀は、刻まれた目盛りによって一分単位の角度を読み取ることができ、目測を加えると十秒または五秒程度の単位まで測ることができました。象限儀は地面に対して正確に垂直になるように設置しなければなりません。そのため設置にあたっては本体以外に多数の木材が必要で、解体しても馬一頭では積みきれないほどの大きさになったといいます。

●中象限儀

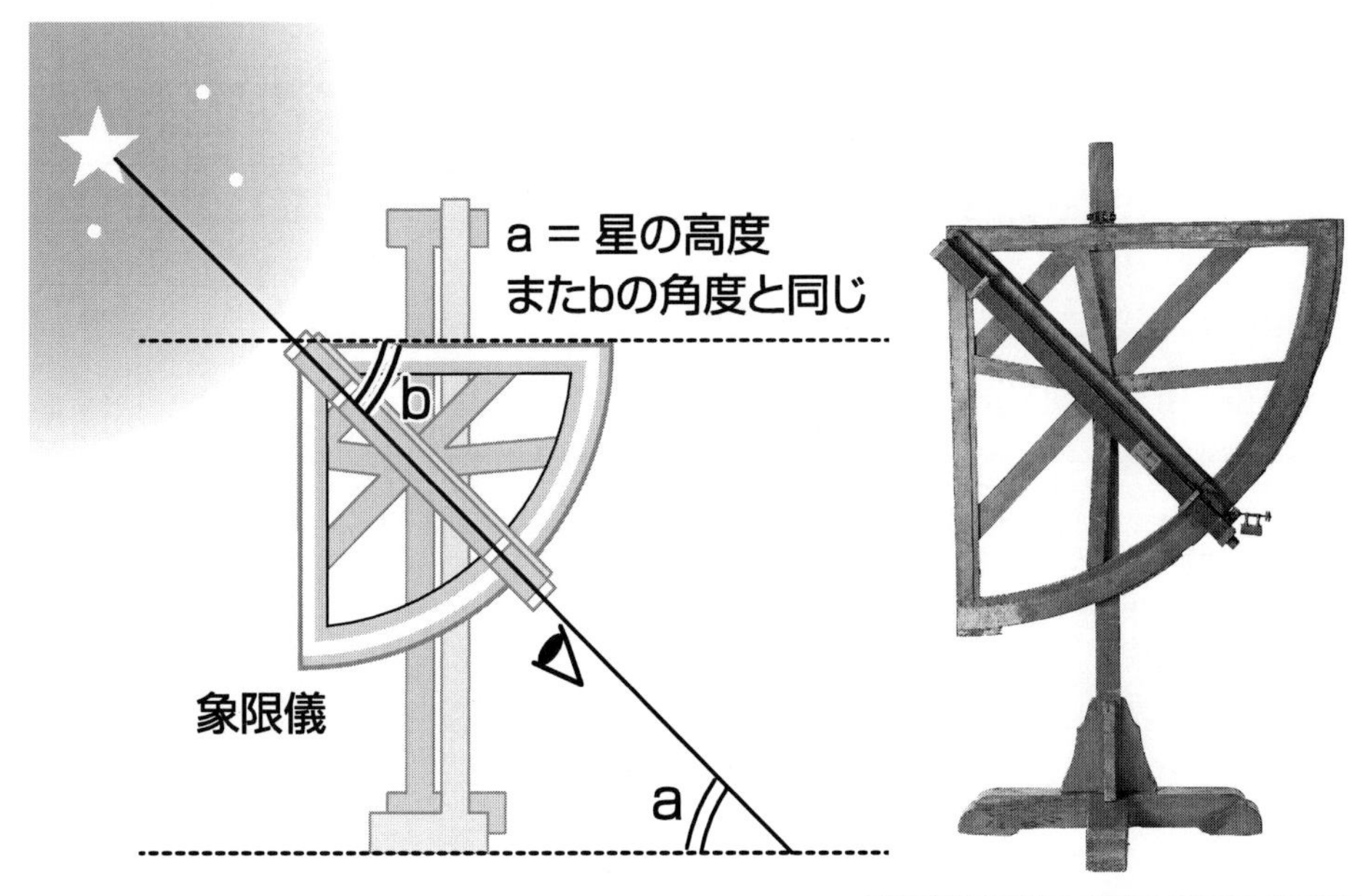

※千葉県香取市伊能忠敬記念館所蔵

出典：国土地理院ウェブサイト（https://www.gsi.go.jp/common/000205802.pdf）をもとに作成

時間測定

日食・月食が起きた時刻は、垂揺球儀によって求めました。垂揺球儀は振り子の振動によって時間を求める器具で振り子時計と同じです。忠敬が使っていた垂揺球儀は、歯車を組み合わせることで十万の桁まで振動数が表示されるようになっています。振り子は1日におよそ95500回振動するため、最大で約17日連続稼働することができました。日食・月食の前日までに、観測地において予め垂揺球儀を駆動させて1日の振動数を求めておきます。そしてその数値と、南中から日食・月食開始までの振動数をもとにして、日食・月食が起こった時刻を正確に求めることができます。

●垂揺球儀

※千葉県香取市伊能忠敬記念館所蔵

SECTION 14

測量の実際

忠敬が測量で主に使用していた方法は、導線法と交会法です。これは当時の日本で一般的に使われていた方法であり、実際に測量作業を見学した徳島藩の測量家も、伊能測量は特別なことはしていないと報告しています。当時の西洋で主流だった三角測量は使用していませんでした。

忠敬による測量の特徴的な点は、誤差を減らす工夫を随所に設けたことと、天体観測を重視したことにあります。

導線法

導線法は距離を測定したい2点間に路線を設け、その出発点から見通しのきく次の点までの距離と方位角を測り、終点に達するまで繰り返す測量法です。つまり、次の作業を距離と方向を変えながら、繰り返し測っていくというものです。

① 測りたい線沿いに直線の連続となるように杭を打ち、梵天という目印になる棒を立てる

② 直線の距離を間縄・鉄鎖などで測る

③ 方位盤で方角を測る

❋交会法

導線法で長い距離にわたって測定を続けると、

●導線法

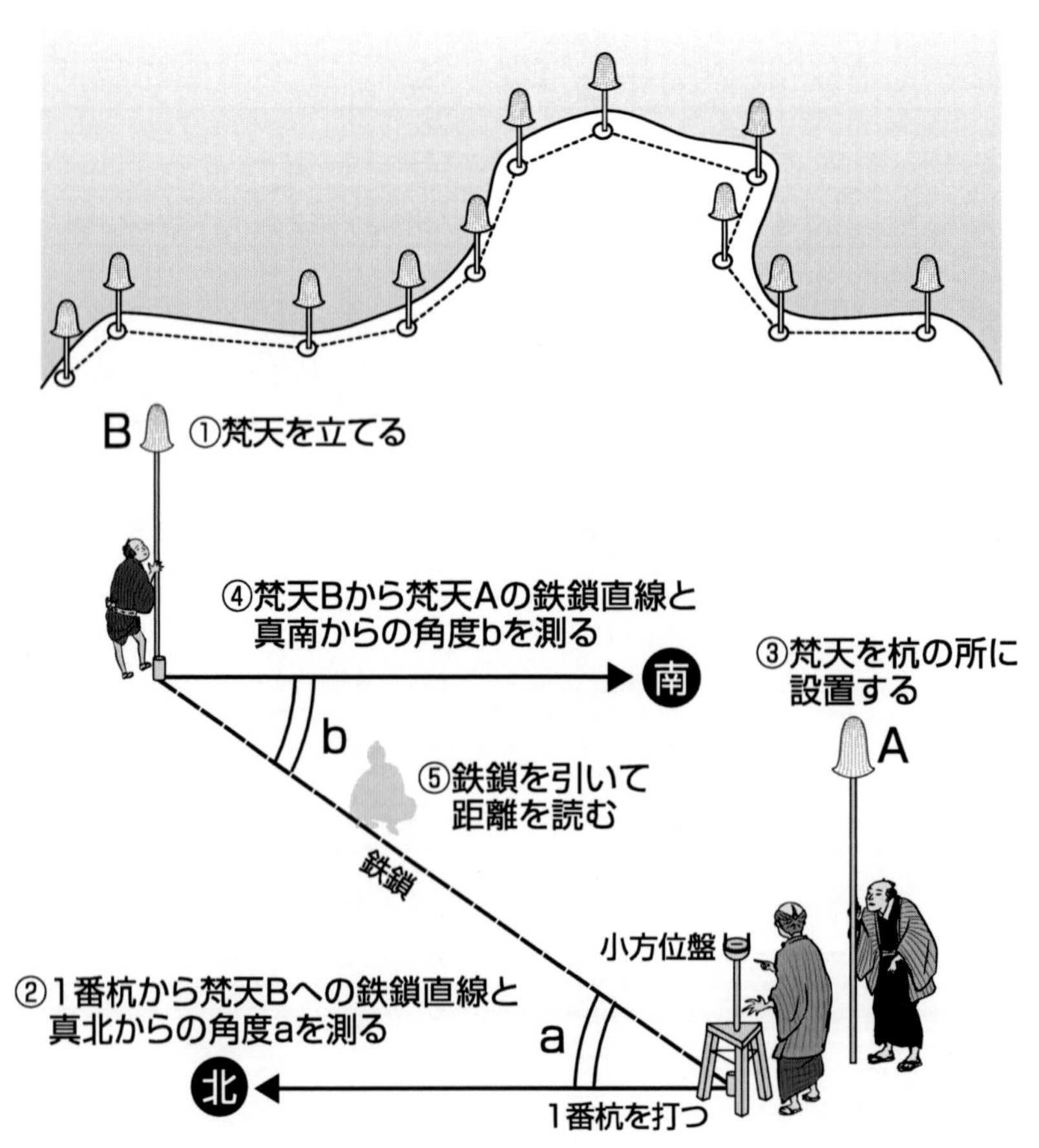

出典：国土地理院ウェブサイト(https://www.gsi.go.jp/common/000205802.pdf)をもとに作成

段々と誤差が大きくなってきます。その誤差を修正するために使われたのが交会法でした。

交会法とは、山の頂上や家の屋根など、共通の目標物を決めておいて、測量地点からその目標物までの方角を測る方法です。導線法で求めた位置が正しければ、それぞれの測量地点と目標物を結ぶ直線は一点で交わるため、この方法で導線法による誤差を確かめることができます。

さらに忠敬はこれに加えて、富士山などの遠くの山の方位を測って測量結果を確かめる遠山仮目的（えんざんかりめあて）の法などを活用しています。

●交会法

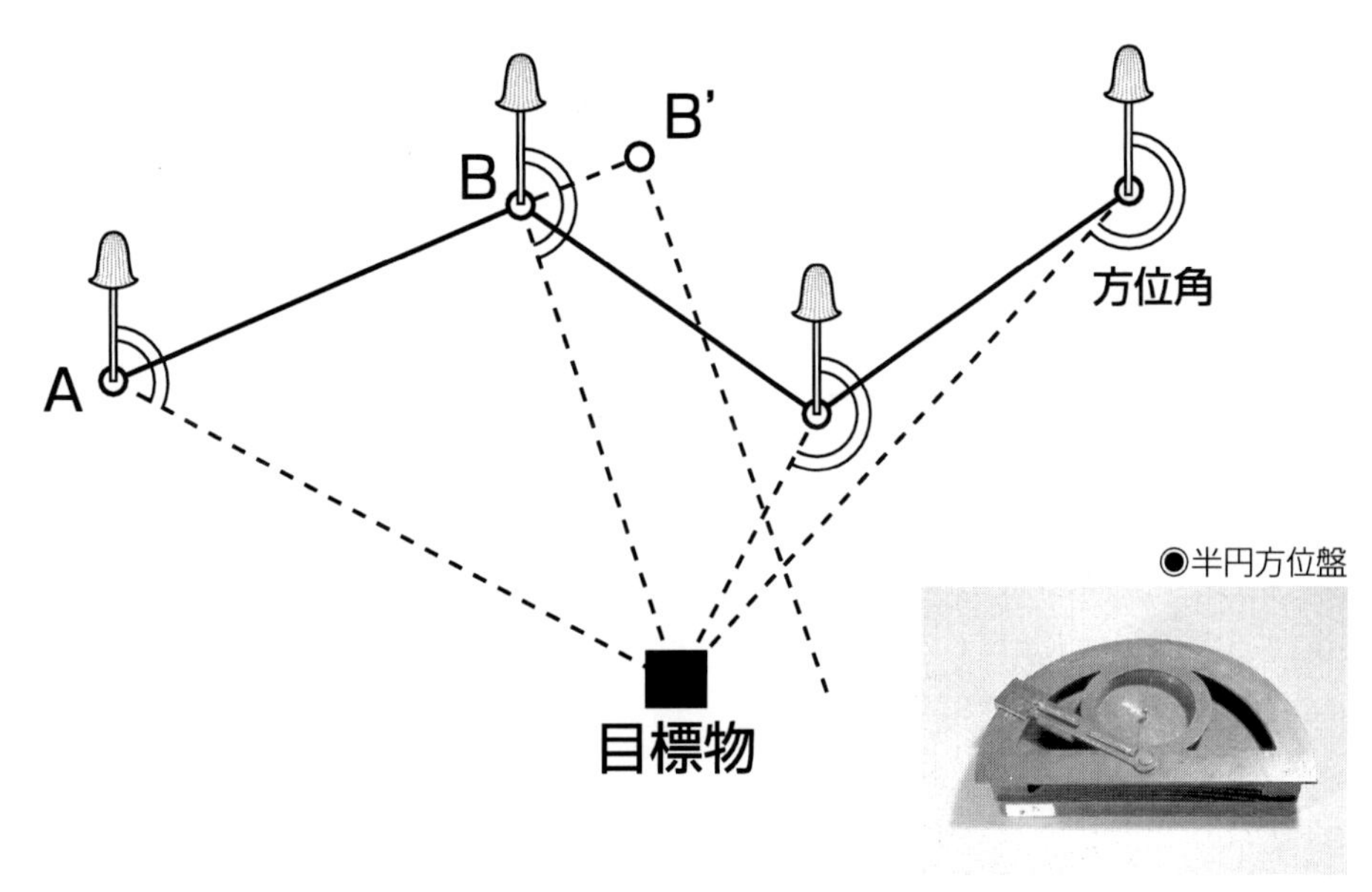

※千葉県香取市伊能忠敬記念館所蔵

出典：国土地理院ウェブサイト（https://www.gsi.go.jp/common/000205802.pdf）をもとに作成

地図の作成

1800年に行われた蝦夷地測量終了後、幕府に作成した地図を提出したところ、これが評価され、さらに測量の継続が認められました。つまり翌年には、第二次測量として東北地方東海岸の測量が行われたのです。

それまでの測量により、子午線1度の長さが求められ、28・2里(110・75㎞)という値が得られました。当時最先端の天文書「ラランデ暦書」における数値とほぼ一致したため、師弟ともに手を取り合って喜んだという話が伝わっています。

このようにして、測量は第十次まで続けられ、日本全土のほぼすべての海岸線の測量に成功したのでした。測定したデータは忠敬の「野帳」と呼ばれるノートに記録されました。しかし、この野帳には、各地点で測量した距離と北からの角度といった、数字しか書かれていません。

測量から帰ると、白紙に平行線をひき、その線の上に始まりの点の針穴をあけ、ノートに書かれた次の点までの角度と実際の距離をもとに、縮めた距離(縮尺)を白紙の上ではかり、次の針穴をあけます。これを次々と繰り返して、針穴を線で結んで一日分の地図が作られます。

これをたくさん集めて、大きな原図を作ります。この原図からは、主な場所に針をさして作られる写しや、縮めた地図も作られましたが、コピー機のない時代にこのようなことを行うのはたいへんな作業だったに違いありません。

●大日本沿海輿地全図(武蔵・下総・相模)

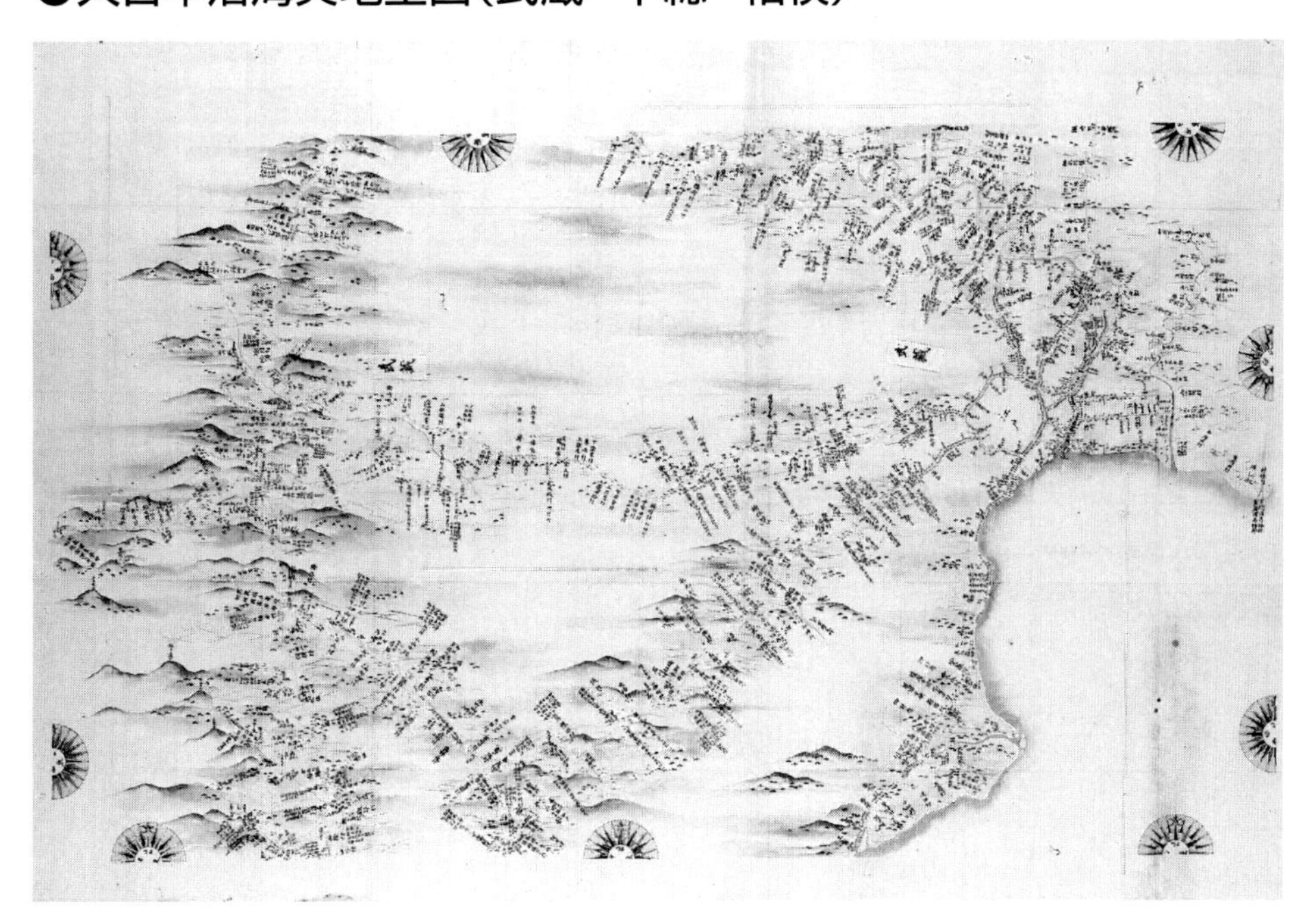

Chapter. 4
日本全国測量

第一次測量（蝦夷地測量）

忠敬一行は寛政12年（1800年）4月19日、自宅から蝦夷地へ向けて出発しました。忠敬は当時55歳で、弟子3人（次男秀蔵を含む）、下男2人を連れての測量となりました。千住で親戚や知人の見送りを受けてから、奥州街道を北上しながら測量を始めました。

第一次測量

千住からは、測量器具を運ぶための人足3人、馬2頭も加わりました。寒くなる前に蝦夷地測量を済ませたいということもあって、距離は歩測で測り、1日におよそ40㎞を移動するという強行軍でした。そして出発して21日目の5月10日、津軽半島最北端の三厩（みんまや）に到達したのでした。

三厩からは船で箱館(現・函館市)へと向かう予定でしたが、山背(やませ)(偏東風の季節風)などの影響で船が出せず、一カ月近く足止めを食いましたが、その間に箱館山に登り、方位の測定などを行いました。

①蝦夷地測量

5月29日、箱館を出発し、本格的な蝦夷地測量が始まりました。初日は間縄を使って距離を丁寧に測りましたが、あまりに時間がかかりすぎたため、2日目以降は歩測に切り替えました。一行は海岸沿いを測量しながら進み、夜は天体観測を行いました。海岸沿いを通れないときは山越えをしましたが、蝦夷地の道は険しく、歩測すらままならなかったところも多かったようです。

7月2日、忠敬らは様似(さまに)町から幌泉(ほろいずみ)(えりも町)に向かいましたが、襟裳岬の先端まで行くことはできず、姉別(あねべつ)まで歩いて、再び船を利用して、8月7日に西別(にしべつ)(別海町)に到達しました。一行はここから船で根室まで行き、測量を続ける予定でした。しかしこの時期は鮭漁の最盛期で、「船も人も出すことができない」と現地の人に言われたため、そのまま引き返すことにしました。

●第一次測量のルート

※伊能忠敬e史料館のデータをもとに作成

8月9日に西別を発った忠敬は、行きとほぼ同じ道を測量しながら帰路につき、9月18日に蝦夷を離れて三厩に到着し、そこから本州を南下して、10月21日、人々が出迎えるなか、千住に到着しました。

第一次測量にかかった日数は180日で、うち蝦夷地滞在は117日でした。なお、後年に忠敬が記した文書によれば、蝦夷地滞在中に間宮林蔵に会って弟子にしたとのことでした。

② 地図作成・事後処理

11月上旬から測量データをもとに地図の製作にかかり、約20日間を費やして地図を完成させました。地図製作には妻のエイも協力し、完成した地図は12月21日に下勘定所に提出しました。

12月29日、測量の手当として1日銀7匁5分の180日分、合計22両2分を受け取りました。忠敬は測量に出かけるときに100両を持参しており、戻ってきたときは1分しか残らなかったとの記述があるため、差し引きすると70両以上を忠敬個人が負担したことになります。試算によると、このとき忠敬が負担した金額は現在の金額に換算して1200万円程度になるといいます。また忠敬はこの他に測量器具代として70両を支払っていました。

③ 測量速度

第一次測量は、蝦夷地のほぼ南半分を海岸線に沿って歩きました。移動距離は、江戸を出発して戻るまで計180日間で、約3200㎞におよびました。忠敬らの旅は単純計算で1日平均18㎞ですから、歩きながら測量もすると考えると、その苦労がわかります。

忠敬の蝦夷地南半分の地図は、現在のものと見比べても違和感がありません。忠敬は幕府に対して、残る蝦夷地北半分の測量を願い出たのですが許されずに、代わりに東北と関東の測量を命じられました。

●蝦夷地南半分の測量図

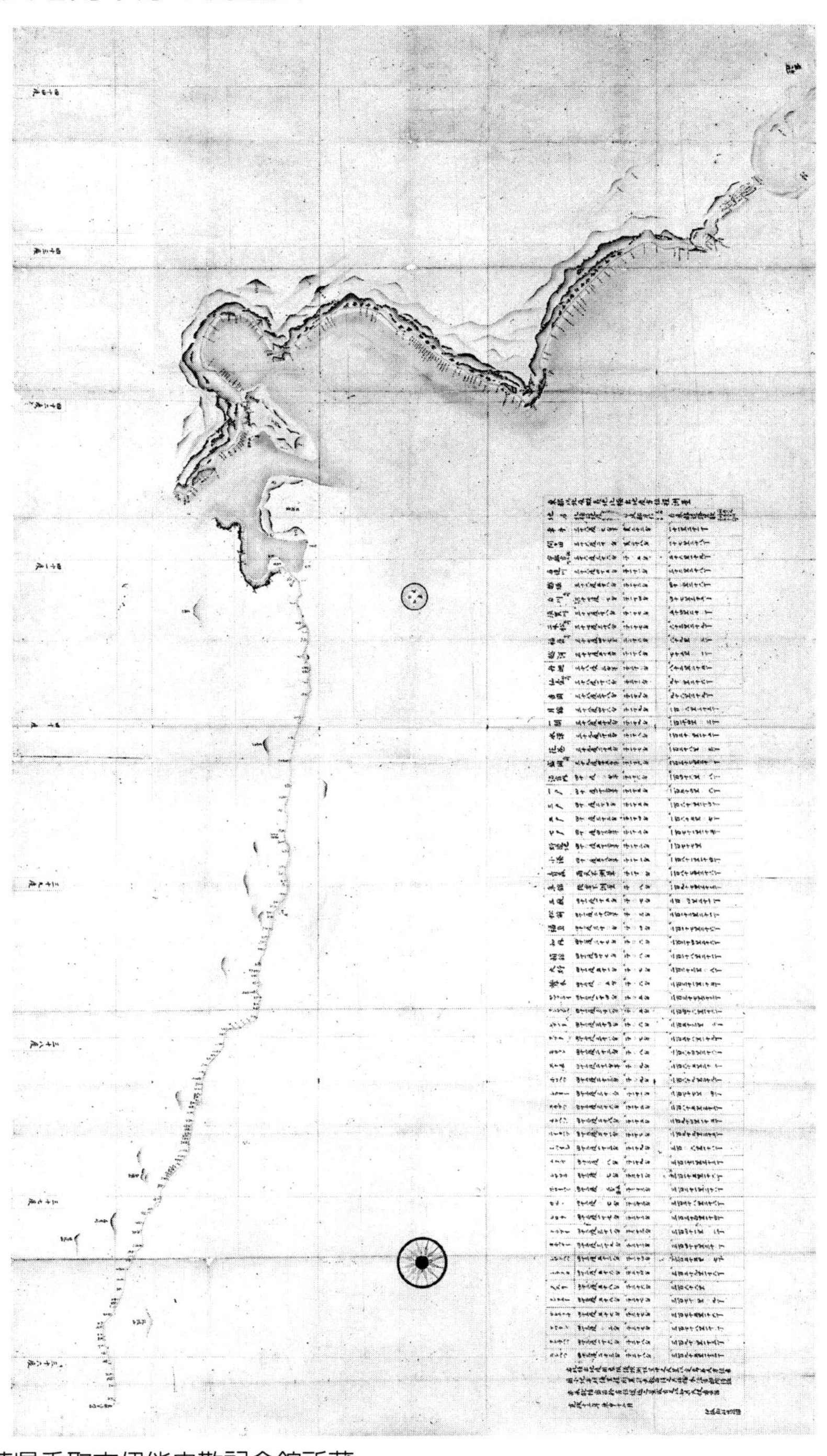

※千葉県香取市伊能忠敬記念館所蔵

第二次測量(東北太平洋岸沿岸)

蝦夷地測量で作成した地図に対する高い評価は幕府高官の知る所となり、幕府によって第二次測量の計画が立てられました。

幕府から忠敬に命じられた第二次測量は、関東の三浦半島や伊豆半島を経て、千葉の房総半島、仙台、青森の下北半島まで北上する東日本太平洋岸沿岸でした。

第二次測量

1801年5月14日に江戸を出発して、11月3日に津軽半島の三厩(みんまや)に到着するまで測量日数は230日、距離2950㎞におよびます。

この計画は、行徳(ぎょうとく)(千葉県市川市の南部)から本州東海岸を北上して蝦夷地の松前へと渡り、松前で船を調達して改造し、船の内部を住めるようにし、食料も積み込んでから蝦夷地の西海岸を回り、さらに国後（くなしり）から択捉（えとろふ）、得撫島（うるっぷとう）まで行くというものでした。途中で船を買うことにしたのは、蝦夷地は道が悪く宿舎がないことを見越したもので、用が済んだら船は売り払う計画でした。

しかし幕府に内々で相談したところ、「船を買う件は書面には書かずに口頭で述べる方がよい」との返答を得ました。最終的に今回は、蝦夷地は測量せず、伊豆半島以東の本州東海岸だけを測量することに決められました。手当は前回より少し上がって1日10匁となりました。また、道中奉行、勘定奉行から測量先に先触れ（通知書）が出るようになり、この結果、現地の村の人々の協力を得ることも可能になったのでした。

① 伊豆測量

享和元年（1801年）4月2日、一行は江戸を出て東海道を西に向かいました。忠敬は今回の測量から、歩測ではなく間縄（けんなわ）を使って距離を測ることにしました。一行は三浦半島を一周し、伊豆半島を南下して、5月13日に下田に到着しました。伊豆半島の道は断崖絶壁で測量が難しく、海が荒れるなかで船を出して縄を張って距離を求めたり、岩をよじのぼって方角を測ったりするなど苦労を重ねました。

●第二次測量のルート

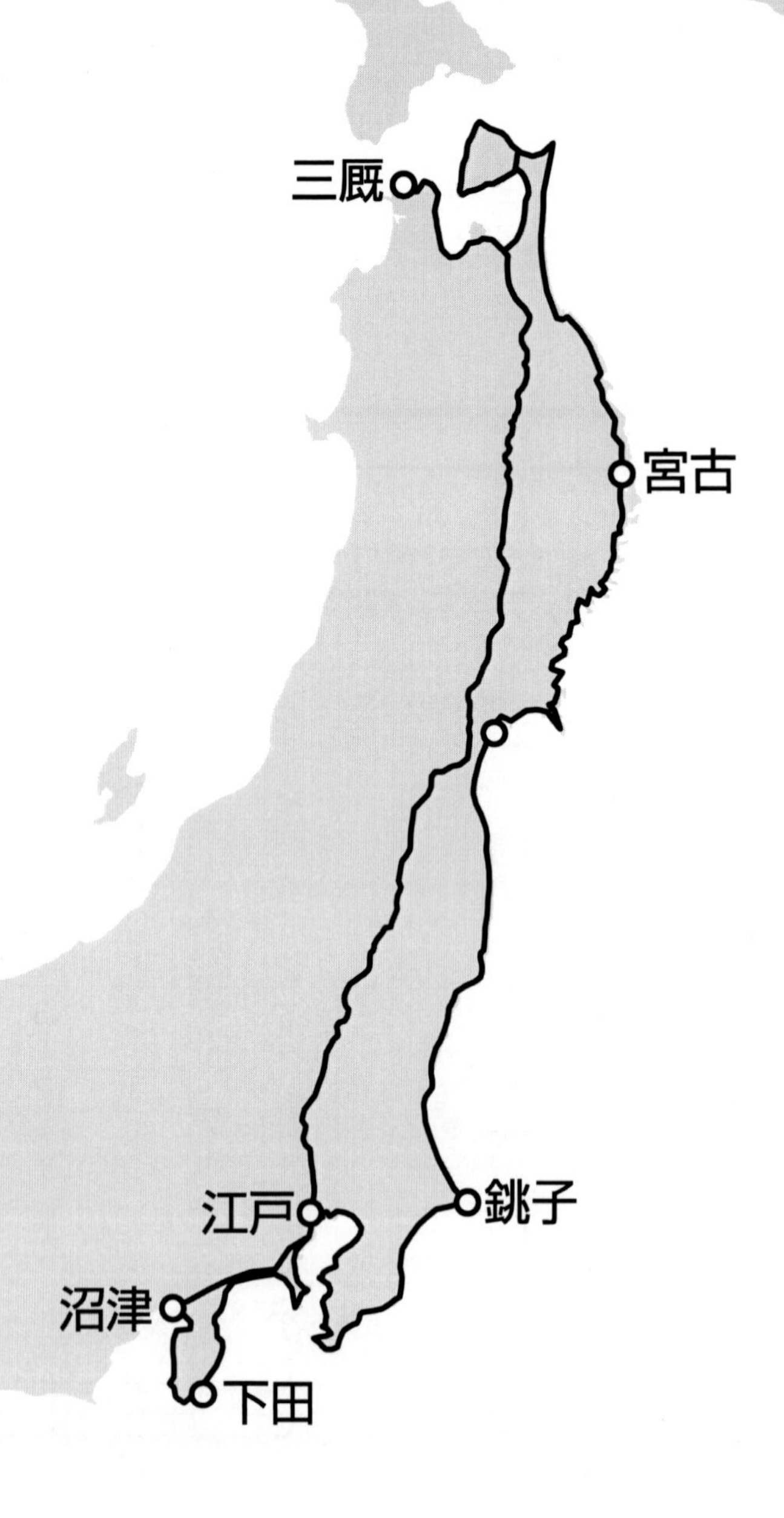

※伊能忠敬e史料館のデータをもとに作成

② 本州東海岸測量

6月19日、一行は再び江戸を発ち、房総半島を測量しながら一周し、7月18日に銚子に着きました。7月29日に銚子を出発し、太平洋沿いを北上しました。しばらくは、概ね順調に測量できました。しかし、8月21日に到着した塩釜湾岸は山越えができずに船を出して引き縄で距離を測定しました。さらに翌日に測量した松島や、その先の釜石、宮古までの間も、地形が入り組んでいるうえに断崖絶壁だったため、度々、船の上からの測量となってしまいました。

10月1日に宮古湾を越えて北上を続け、雪に悩まされながらも10月17日に下北半島の尻屋に到着、そして半島を一周して奥州街道、松前街道を進み、11月3日、三厩に辿り着きました。ここからは第一次測量と同じように奥州街道を南下して、12月7日に江戸に到着したのでした。

●伊豆半島の測量図

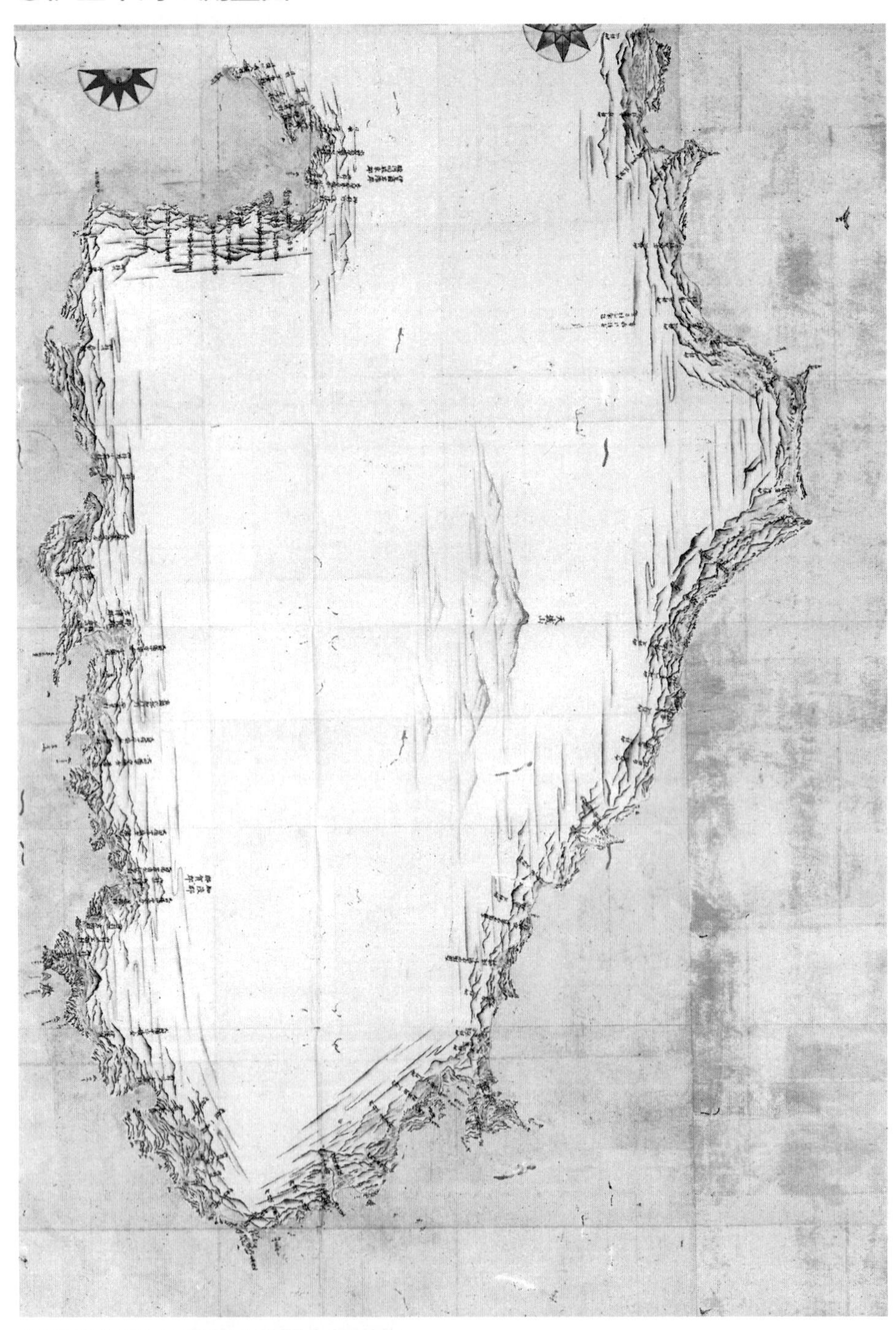

※千葉県香取市伊能忠敬記念館所蔵

SECTION 18

第三次・第四次測量(東北日本海沿岸)

忠敬には、前回計画を立てながらも実行できなかった蝦夷地の測量をやり遂げたい気持ちがありました。しかし、忠敬の立てた測量計画が幕府に採用される見込みは相変わらず薄いものでした。そこで、まずは内地の測量に従事した方がよいと判断しました。

第三次測量

享和2年(1802年)6月3日、幕府からの命令が出ました。測量地点は日本海側の陸奥・三厩から越前まで、および太平洋側の尾張国から駿河(するが)国までで、これと第一次・第二次測量を合わせて東日本の地図を完成させる計画でした。本測量では人足5人、馬3頭、長持人足4人が与えられ、手当は60両支給されました。これは過去2回よりもはるかに恵まれた待遇で、費用の収支もようやく均衡するようになったのでした。
一行は6月11日に出発、奥州街道を進み6月21日に白河まで辿り着きました。ここから奥州街道を離れ会津若松に向かい、山形、新庄などを経て、7月23日に能代に到着しました。

その後、8月4日に能代を発ち、羽州街道を油川(現・青森市)まで進みました。油川からは第一次、第二次と同じ道をたどり、8月15日に三厩に到着しました。ここから算用師峠を越えて日本海側の小泊(現・中泊町)に行き、そこから南下しました。

9月2日から6日まで二手に分かれて男鹿半島を測量し、9日からは象潟周辺を測量しました。当時の象潟は入り江の中に幾多の島々が浮かぶ景勝地でしたが、忠敬測量の2年後に起きた象潟地震によって土地が隆起し、姿をまったく変えてしまったのでした。そのため、忠敬によって実測された地震前の象潟の記録は貴重なものとなっています。その後、越後に入ると、海岸沿いでも岩山が多くなり、苦労しながらの測量となりました。9月24日に新潟、10月1日に柏崎、10月4日に今町(現・上越市)に到着し、ここで海岸線を離れて南下しました。そして追分(現・軽井沢町)から中山道を通り、10月23日に江戸に戻りました。

●第三次測量のルート

※伊能忠敬 e 史料館のデータをもとに作成

●東北北部の測量図

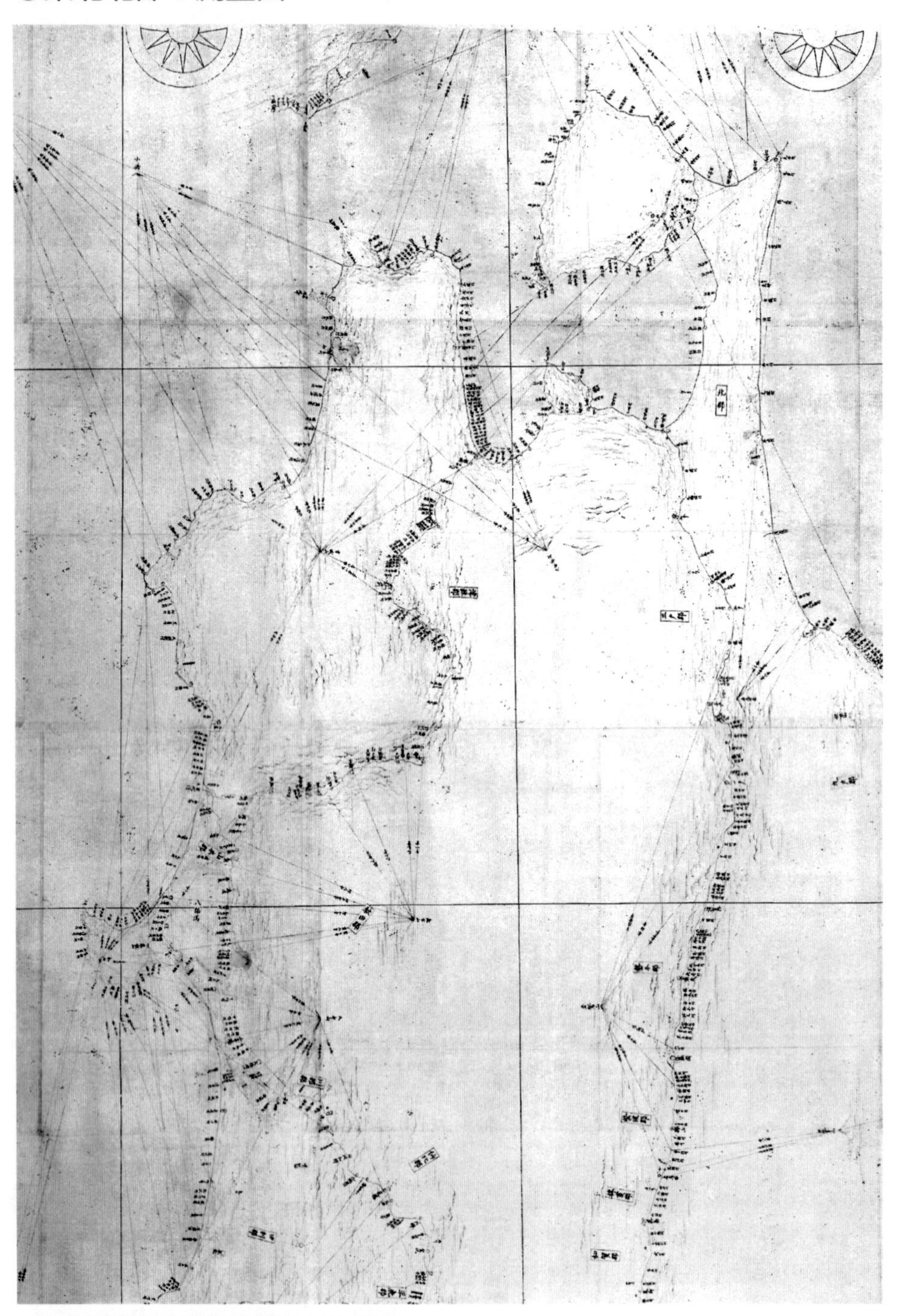

※千葉県香取市伊能忠敬記念館所蔵

●男鹿半島八郎潟付近の測量図

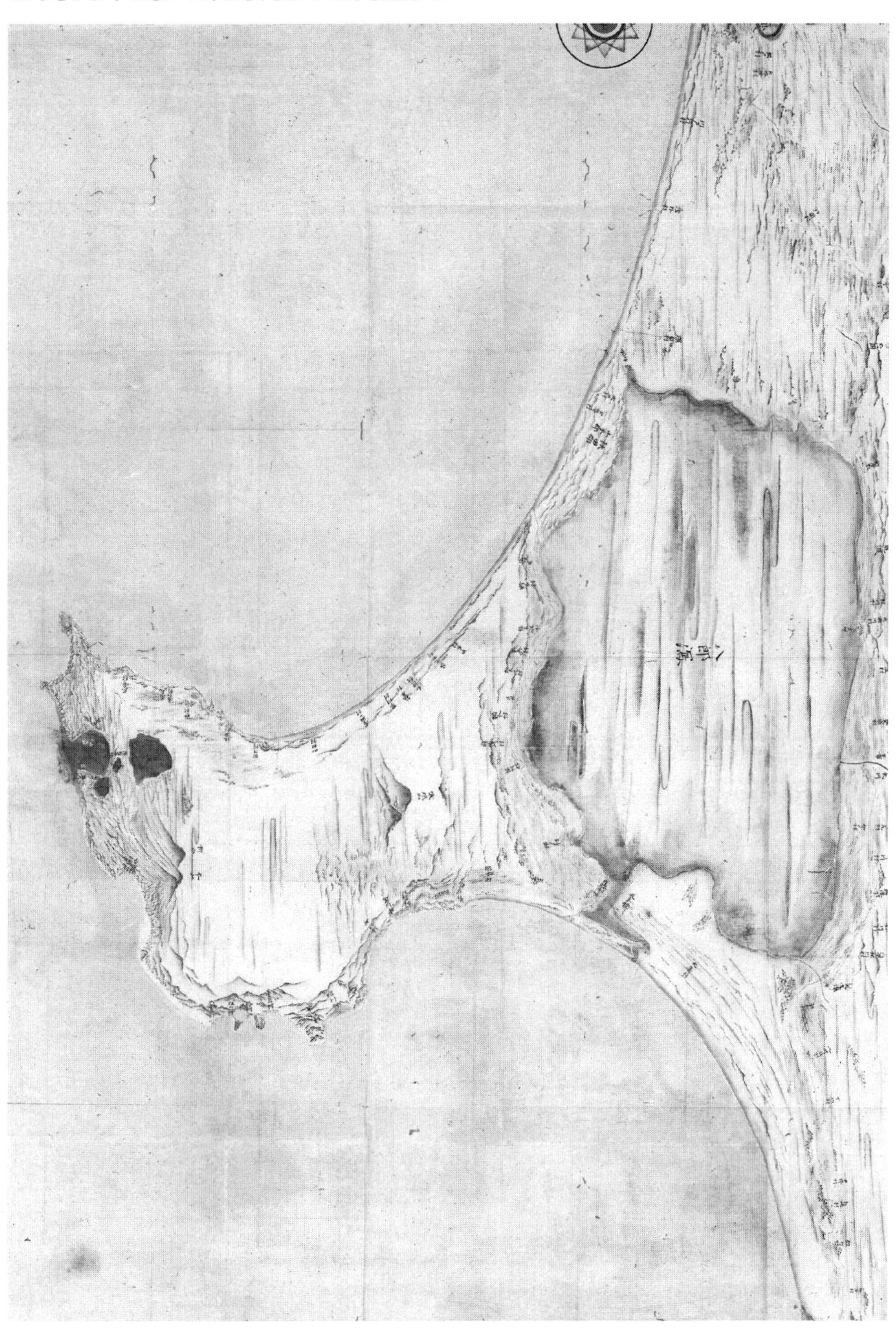

※千葉県香取市伊能忠敬記念館所蔵

㊌第四次測量（東海・北陸）

享和3年（1803年）2月18日、幕府からの命令が出ました。今回の測量地域は駿河、遠江、三河、尾張、越前、加賀、能登、越中、越後などで、また、佐渡にも渡るよう指示されました。人足や馬は前回と同様で、旅費としては82両2分が支給されました。

2月25日に一行は出発し、東海道を沼津まで行き、沼津からは海岸沿いを通り、御前崎、渥美半島、知多半島を回って、5月6日に名古屋に着きました。名古屋からは

●第四次測量のルート

※伊能忠敬e史料館のデータをもとに作成

●富士山付近の測量図

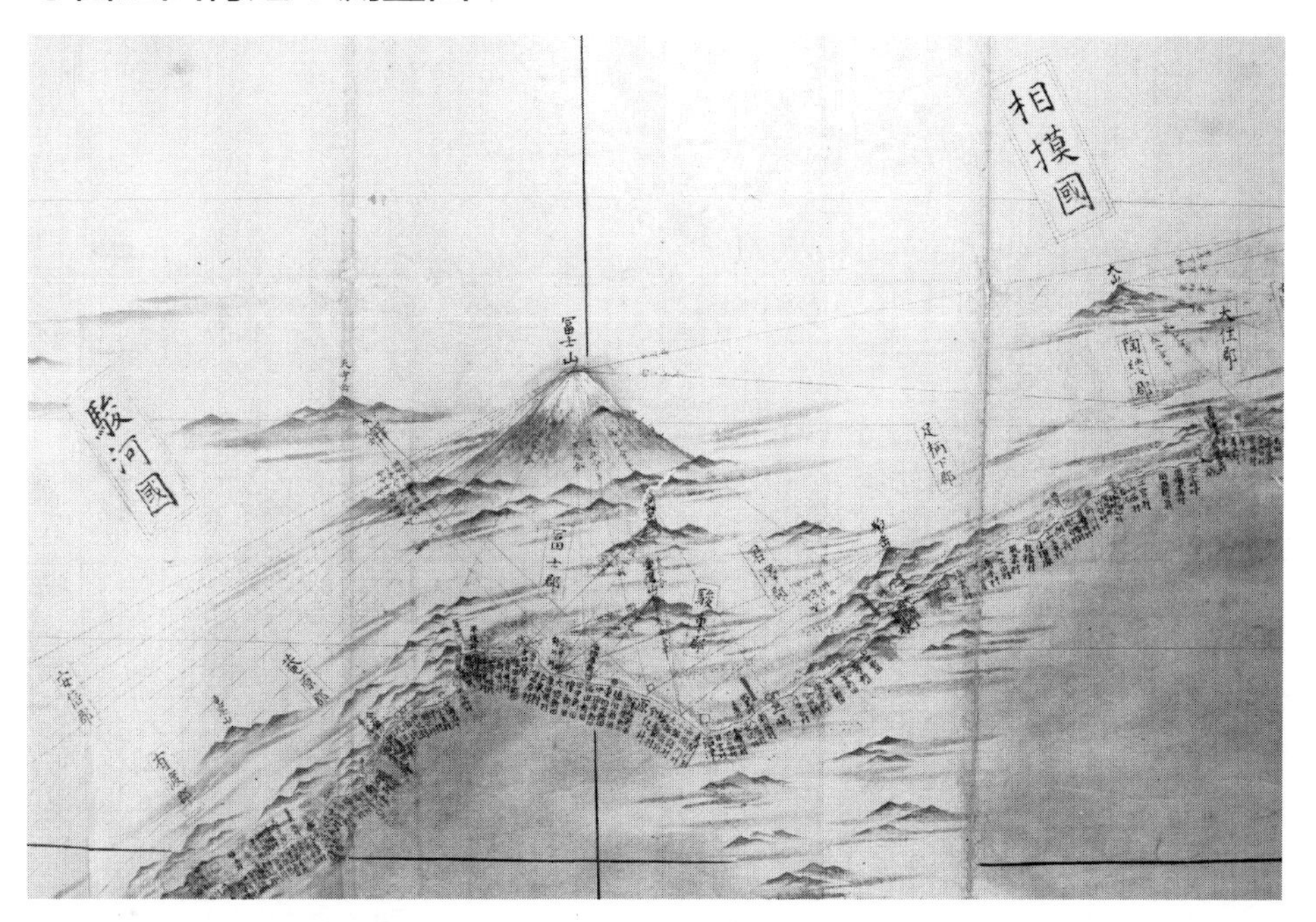

●渥美半島の測量図

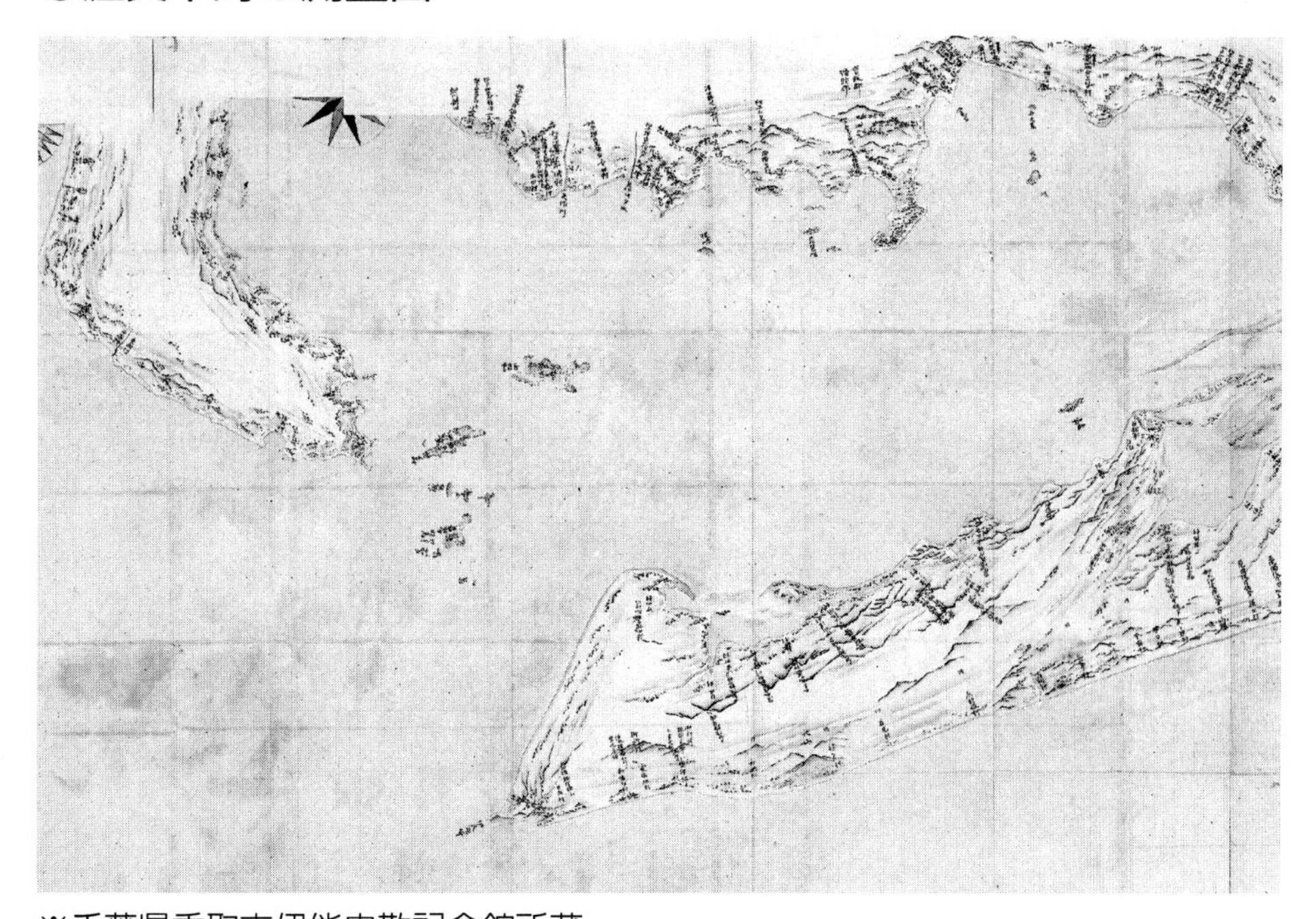

※千葉県香取市伊能忠敬記念館所蔵

海岸線を離れて北上し、大垣、関ヶ原を経て、5月27日に敦賀に到着しました。28日から敦賀周辺を測量し、その後日本海沿いを北上していきましたが、隊員が次々と病気に倒れ、測量は忠敬と息子の秀蔵の2人だけで行うこともあったといいます。

6月22日には病人は快方に向かい、24日に一行は加賀国へと入りました。しかし加賀では、地元の案内人に地名や家数などを尋ねても、回答を拒まれました。これは、加賀藩の情報が他に漏れるのを恐れたためです。そのため忠敬は藩の抵抗に遭いながらの測量となりました。加賀を出て、7月5日からは能登半島を二手に分かれて測量しました。

① 糸魚川事件

8月2日ごろからしばらく忠敬は病気にかかり、体調の悪い日が続きました。そんななか、8月8日に訪れた糸魚川（いといがわ）藩で、糸魚川事件と呼ばれるいざこざが起こりました。

忠敬はこの日、姫川河口を測ろうとして手配を依頼したのですが、町役人は、姫川は大河で舟を出すのは危険だと断りました。ところが翌日に忠敬らが行って確認したところ、川幅は10間（18m）程度しかなく、簡単に測ることができたのです。忠敬は、偽った証言で測量に差し障りを生じさせたとして、役人たちを呼び出してとがめ、藩の役人にも伝えておくようにといいました。

その後、忠敬一行は直江津（なおえつ）を通過して、8月25日に尼瀬（現・出雲崎町）に到着し、ここで船を待って8月26日に佐渡島に渡り、二手に分かれて島を一周し、9月17日に島を離れました。佐渡の測量によって、本州東半分の海岸線はすべて測量し終えたことになります。翌日からは内陸部を測りながら帰路につきましたが、途中の六日町（現・南魚沼市）で、至時からの至急の御用書を2通受け取りました。糸魚川での事件が江戸の藩主に伝わり、藩主から勘定所に申し入れがあったためでし

●佐渡島の測量図

※千葉県香取市伊能忠敬記念館所蔵

た。至時は1通目の公式な手紙で「忠敬の言い回しはことさら御用を申し立てるようでがさつに聞こえる、もっての他だ」と非難しました。しかし2通目の私的な手紙では、「今後測量できなくなるかもしれないから、細かいことにこだわってはいけない」と、少々くだけた調子で注意してきました。忠敬はこれに対して弁明の書を出して一件は落着となりました。

その後一行は三国峠を越え、三国街道から中山道に入り、10月7日に帰府しました。

②至時の死

忠敬が帰府したとき、至時は西洋の天文書「ラランデ暦書」の解読に努めていました。この本には緯度1度に相当する子午線弧長が記載されており、計算したところ、忠敬が測量した28・2里に非常に近い値になることがわかりました。これを知った忠敬と至時は大いに喜び合ったといいます。しかし、翌文化元年(1804年)正月5日、至時は死去しました。至時の死後、忠敬は毎朝、至時の墓のある源空寺の方角に向かって手を合わせたといいます。幕府は至時の跡継ぎとして、息子の高橋景保を天文方に登用しました。

③ 日本東半部沿海地図

忠敬らは第一次から第四次までの測量結果から東日本の地図を作る作業に取り組み、文化元年（1804年）、大図69枚、中図3枚、小図1枚からなる「日本東半部沿海地図」としてまとめあげました。この地図は同年9月6日、江戸城大広間でつなぎ合わされ、11代将軍徳川家斉の上覧を受けました。ただし、忠敬は身分の違いにより、この場には出席することはできませんでした。

初めて忠敬の地図を見た家斉は、その見事な出来栄えを賞賛したといわれています。褒美として9月10日、忠敬は小普請組（こぶしんぐみ）として10人扶持（ふち）（給料）を与えるという通知を受け取りました。

●日本東半部沿海地図（伊能小図）

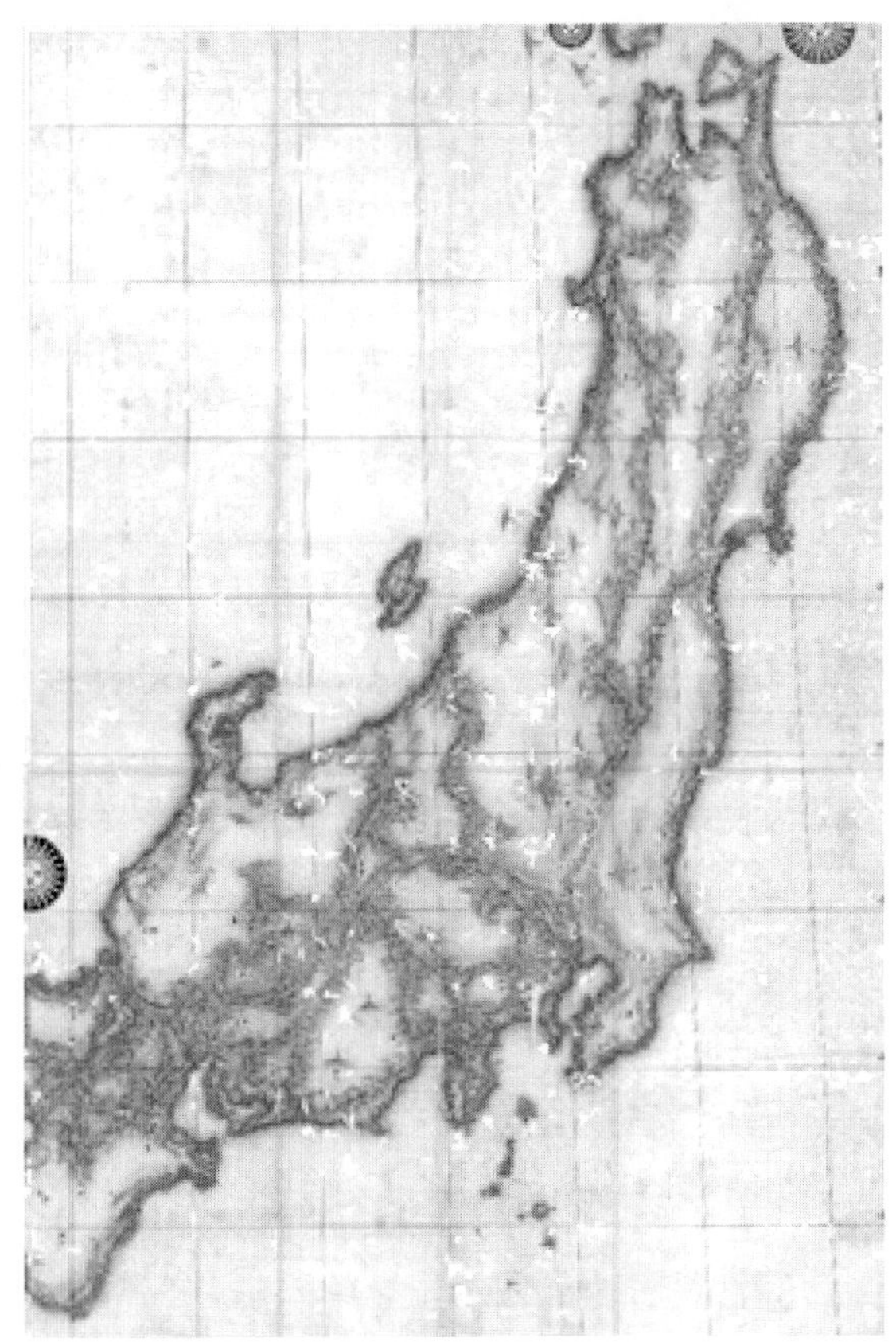

第五次・第六次測量（近畿・中国）

至時は元々、忠敬には東日本の測量を任せ、西日本は間重富に担当させる予定でいました。しかし至時の死後に天文方となった景保は当時19歳と若く、重富が景保の補佐役にあたらなければならなくなったため、西日本の測量も忠敬が受け持つことになりました。一方、幕府も忠敬の測量を重視するようになり、西日本の測量は幕府直轄事業となりました。そのため、測量隊員には幕府の天文方も加わり人数が増えました。また、測量先での藩の受け入れ態勢が強化され、それまで以上の協力が得られるようになりました。

当初の測量の予定は、本州の西側と四国、九州、さらには対馬、壱岐などの離島も含めて、33カ月かけて一気に測量してしまおうという大計画でした。しかし実際は、西日本の海岸線が予想以上に複雑だったこともあって、4回に分けて、期間も11年という長期間を要することになってしまいました。

第五次測量

文化2年（1805年）2月25日、忠敬らは江戸を発ち、高輪大木戸から測量を開始しました。隊員は16人、隊長の忠敬は60歳になっていました。

東海道を測量しながら進み、3月16日に浜松に到着、浜名湖周辺を測量しました。さらに伊勢路に入ると二手に分かれて、沿岸と街道筋の測量を行いました。

6月17日からは紀伊半島の尾鷲付近を測量しましたが、地形が入り組んでいたため作業は難航し、そのうえ測量隊から病人も相次いでしまいました。

その後、紀伊半島を一周し、8月18日

●第五次測量のルート

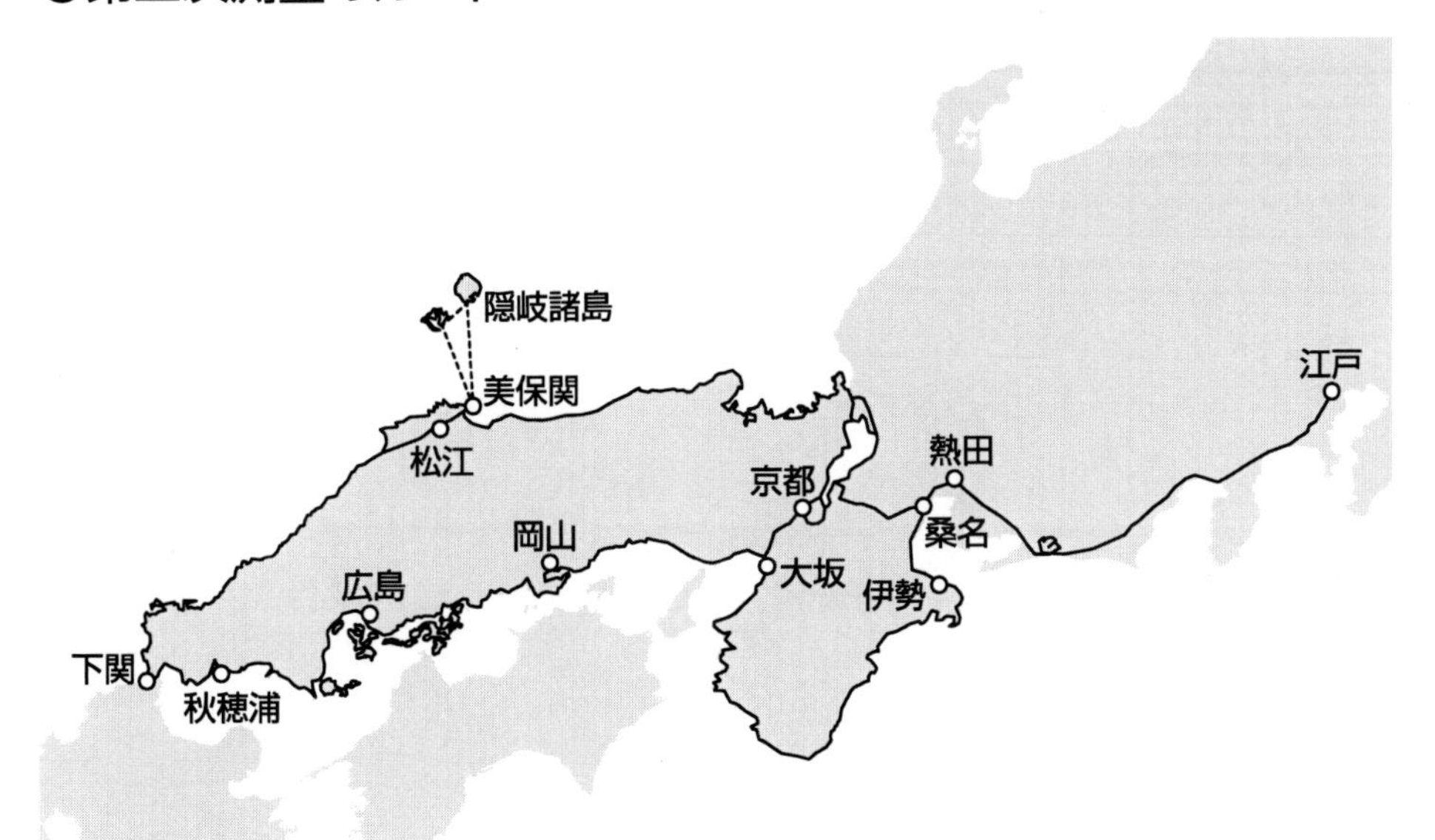

※伊能忠敬ｅ史料館のデータをもとに作成

に大坂に着きました。大坂では12泊しましたが、測量隊のうち3人は病気を理由に帰府しました。ただし、幕府下役の1人の離脱については、忠敬の測量方針と見解の相違があったためではないかとも言われています。

8月5日、一行は京都に入りました。これまでの測量で予想以上に日数を費やしてしまっていたため、3年で西日本を測量するという計画は成し遂げられそうにありませんでした。忠敬は江戸の景保に手紙を出し、計画の変更と隊員の増員を願い出ました。その結果、測量計画は変更され、中国地方沿岸部を終えたらいったん帰府することになったのでした。また

●琵琶湖の測量図

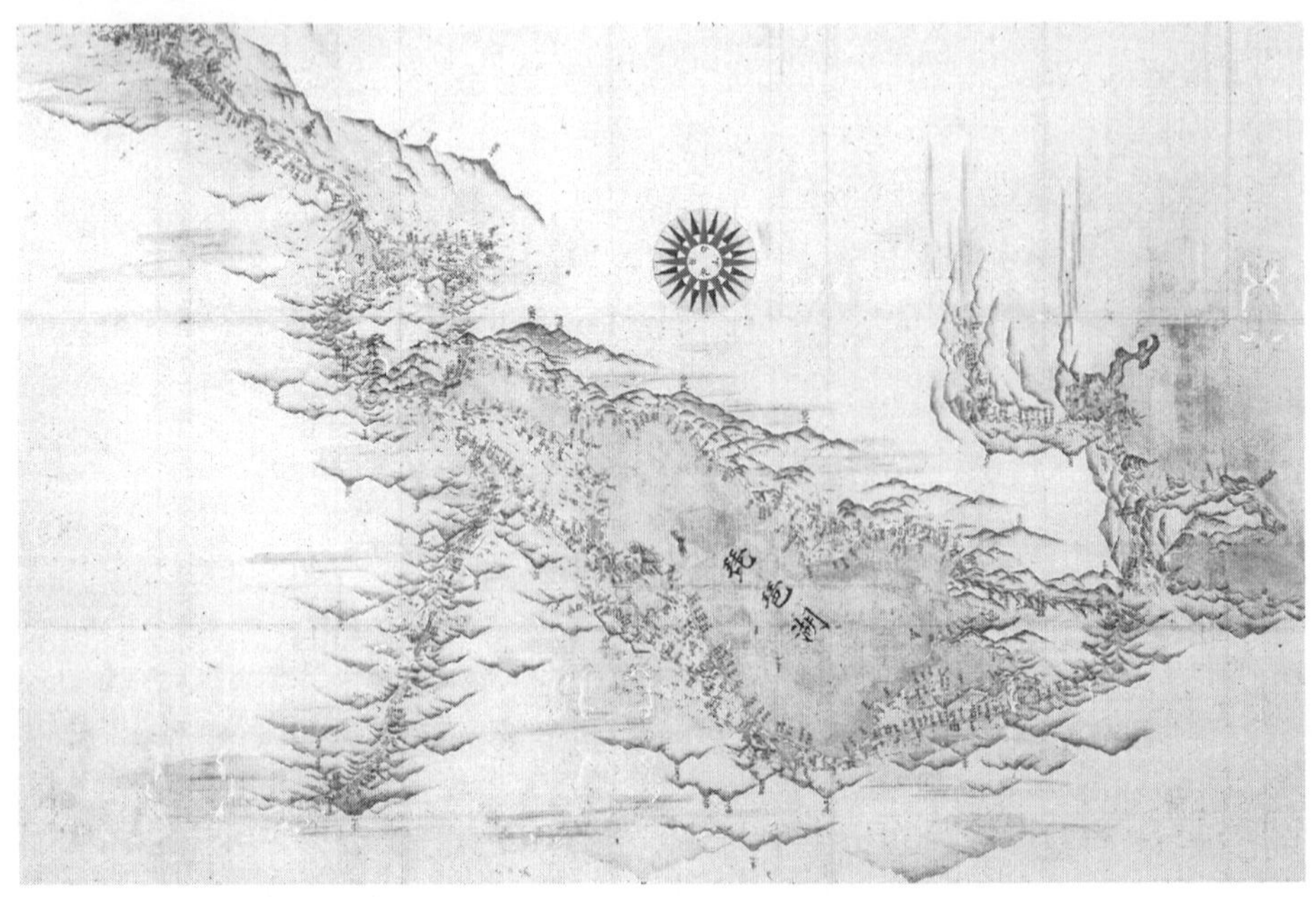

※千葉県香取市伊能忠敬記念館所蔵

人数も４名増員されました。

一行は岡山で越年した後、文化3年（1806年）1月18日、岡山を出発し、瀬戸内海沿岸および瀬戸内海の島々を測量しました。その後、1月28日に福山、2月5日に尾道、3月29日に広島に到着しました。

4月30日、秋穂浦（現・山口市）まで測量を進めた忠敬は、ここで「おこり（マラリア）」の症状を訴え、以後、医師の診療を受けながら別行動で移動することになってしまいました。一行は下関を経て6月18日に松江に着き、ここで忠敬は留まって治療に専念しました。その間に隊員は三保関（現・松江市美保関町）から隠岐へ渡り、測量を行っています。

忠敬の病状は回復し、松江から再び山陰海岸を測り始めました。しかし病気の間に隊員の統率は乱れ、隊員は禁止されている酒を飲んだり、地元の人に横柄な態度をとったりしていました。これは幕府の耳にも入っていたため、10月、景保から戒告状が届けられてしまいました。その後、一行は若狭湾を測量し、大津、桑名を経て11月3日に熱田（現・愛知県名古屋市熱田区）に着きました。熱田からは測量は行わず東海道を江戸へ向かい、11月15日に品川に到着したのでした。

測量後、忠敬は景保と相談し、隊規を乱した測量隊の2名を破門にし、3名を謹慎処分にしました。その後、弟子とともに地図の作製を行い、その地図は文化4年12月に完成しました。

今回の測量の経験から、忠敬は「長期に及ぶ測量は隊員の規律を守る点で好ましくない」と感じました。そこで次回の測量は四国のみにとどめることにしたのでした。

第六次測量（四国）

文化5年（1808年）1月25日、忠敬らは四国測量のため江戸を出発し、2月24日に大坂に着きました。その後3月3日、淡路島の岩屋（現・兵庫県淡路市）に着き、ここから島の東岸を鳴門まで測り3月21日に徳島に渡りました。そして四国を南下し、4月21日に室戸岬に着き、4月28日、赤岡（現・高知県香南市）で隊を分け、坂部貞兵衛らに、伊予国（現在の愛媛県）と土佐国（現在の高知県）の国境まで縦断測量を行わせ、4月29日に高知に着きました。

その後も海岸線を測量し、8月11日に松山に着きました。ここからも引き続き海岸線を測りつつ、加えて瀬戸内海の島々も測量し、四国縦断測量を行いました。このように海岸線だけでなく内陸部も測らせたのは、測量の信頼性を高めるためです。10月1日、塩飽諸島で日食を観測し、高松を経て、鳴門から淡路島に渡り島の西岸を測量した後、11月21日に大坂へ戻りました。

ここから法隆寺、唐招提寺、薬師寺、東大寺、長谷寺といった社寺を回りながら奈良・吉野の大和路を測りました。その後、伊勢（現在の三重県）を経由して帰路につき、文化6年（1809年）1月18日に江戸に戻ったのでした。

今回の測量では幸い大きな問題はなく、隊員の統率もとれました。測量作業においては藩の協力も多く得られ、測量のために新たに道を作ってくれたところもあったほどでした。

●第六次測量のルート

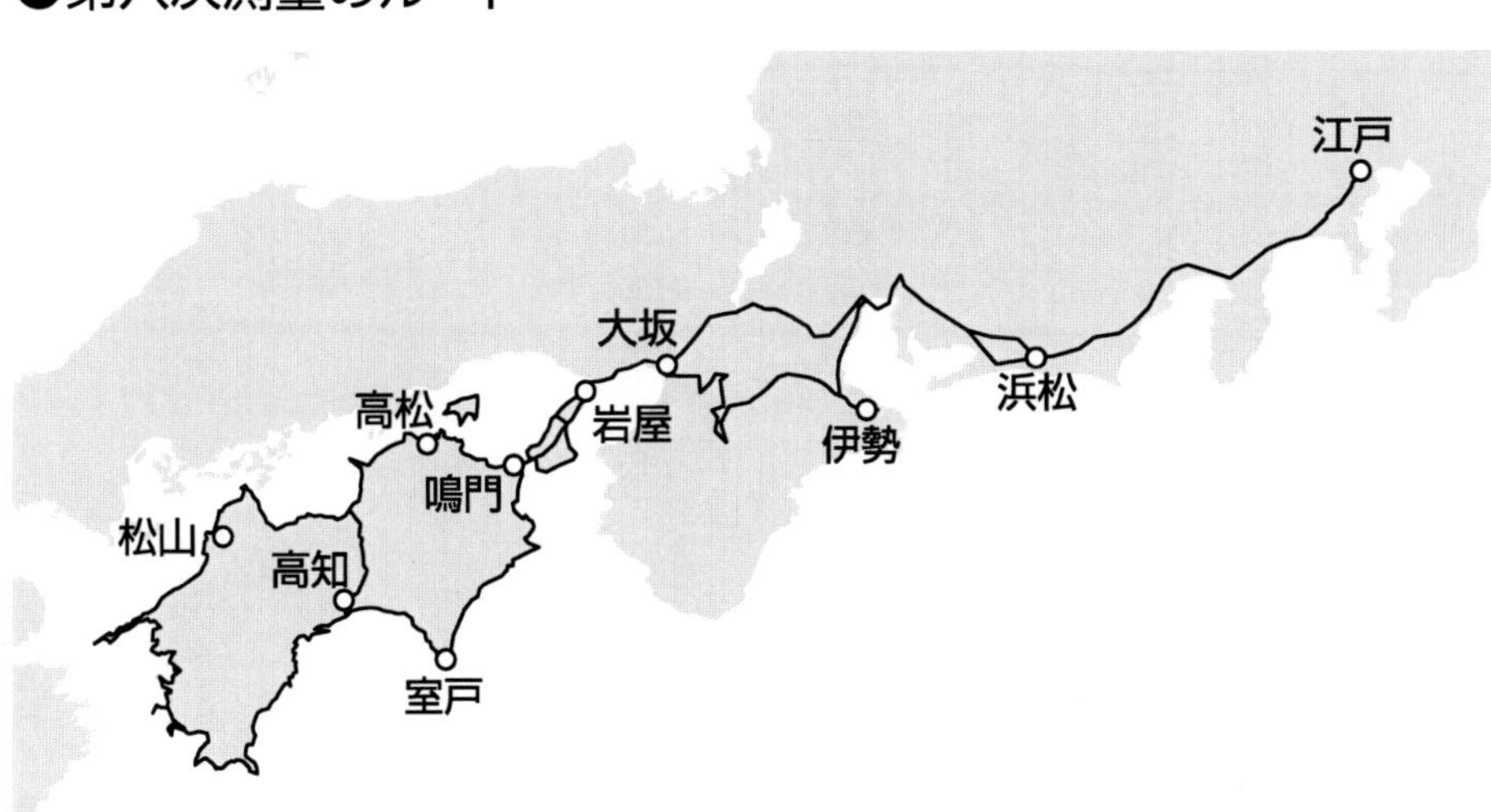

※伊能忠敬ｅ史料館のデータをもとに作成

第七次・第八次測量（九州）

第七次測量（九州第一次）

第七次測量は文化6年（1809年）8月27日に開始しました。今回は中山道経由で移動することとなり、測量は王子（現・東京都北区）から行いました。

御成街道や岩淵の渡し（荒川）などを利用して岩槻まで行き、岩槻から熊谷へ向かい中山道に入りました。中山道を武佐（現・近江八幡市）まで測り、そこから、東海道へ向かう御代参街道を土山（現・滋賀県甲賀市）まで測量しました。土山から淀、西宮を経て山陽道を行き、その後、豊前小倉（現・福岡県北九州市）で越年し、ここから九州測量を始めました。

小倉から海岸線を南下し、2月12日に大分、28日に鳩浦（現・津久見市）に入りました。4月6日に延岡、27日に飫肥（おび）（現・日南市）に到着し、ここで支隊を出して都城方面の街道測量にあたらせました。本隊はそのまま南下して大隅半島をぐるりと回り、再び都城方面に支隊を出して測線をつないだのち、6月23日に鹿児島に着きました。

鹿児島で桜島の測量や木星の観測を行ってから、薩摩半島を南下し、7月8日に山川湊に着きました。ここから舟に乗り種子島、屋久島の測量を行う予定でしたが、天候が悪かったため後回しにして、そのまま薩摩半島の海岸線を測量し、8月1日、串木野(現・鹿児島県串木野市)付近から甑島(こしきじま)に渡って測量しました。8月19日に串木野

●第七次測量のルート

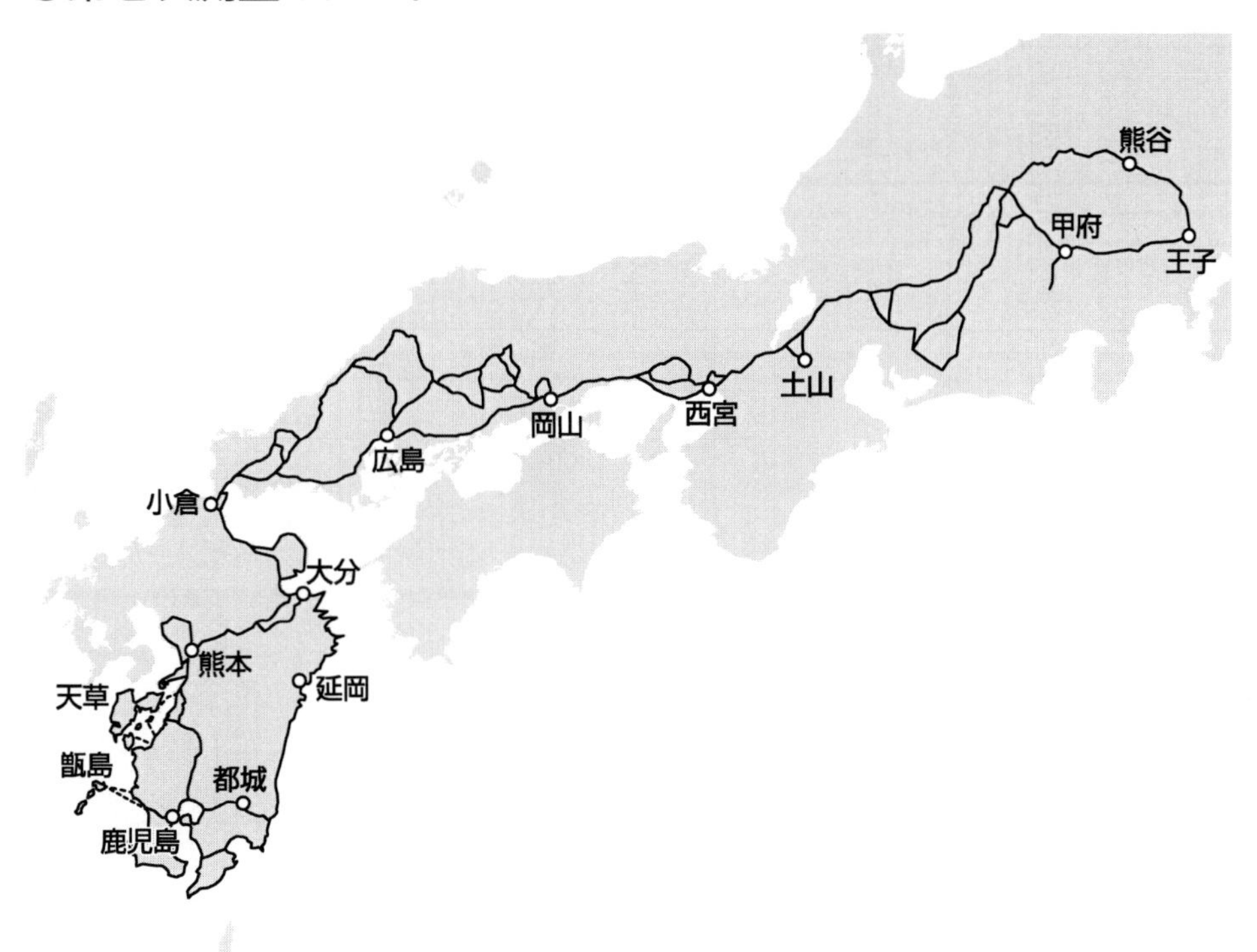

※伊能忠敬e史料館のデータをもとに作成

に戻ったあと、本隊はそのまま海岸線を北上し、支隊は鹿児島から街道筋を通って肥後国（現在の熊本県）へと向かわせました。

両隊は、その後合流して天草諸島を測りました。しかし、甑島や天草の測量には手間がかかり、病人も出たので、今回は種子島、屋久島の測量はあきらめ、いったん江戸に帰ることにしました。忠敬らは天草周辺の街道を測ったあと、九州を横断して大分で越年しました。

翌文化8年（1811年）、大分を出発して本州に渡り、中国地方の内陸部などを測量しながら帰路につき、5月8日、江戸に到着しました。

①種子島・屋久島測量

今回の測量では天候の関係などで種子島、屋久島に渡ることができませんでした。薩摩の役人は忠敬に対し、「波が荒いので、両島に渡る時期は3〜4月頃にして、6〜7月頃に帰るようにしないといけない」という趣旨の説明をしています。元々、忠敬と景保は両島への渡航は難しいということを知っており無理して渡らなくてもいいと申し合わせていたので、結局断念する結果となりました。

しかし、結果的には幕府の方針で、次回の九州測量の計画に両島への渡航は組み込まれました。両島を測ろうとした理由は定かではありませんが、忠敬に全国の測量をさせるとともに、当時閉鎖的だった薩摩藩を偵察するとの意味合いもあったのではないかと推測されています。

なお、忠敬は両島の測量が決まったとき、薩摩藩の担当者に対して硫黄島などの測量も希望しましたが、これは実現しませんでした。

②再会

文化7年（1810年）、かつて忠敬が勘当した娘・イネが、佐原の家に戻ってきました。イネは夫・盛右衛門の死没後に剃髪し、名を妙薫と改めていました。忠敬や親類に詫びを入れた妙薫は、以後は景敬の妻・リテとともに伊能家を支え、旅先の忠敬ともたくさんの手紙をやり取りし、老年の父を気遣ったのでした。

また、忠敬は江戸で九州測量の地図を作成している際、間宮林蔵の訪問を受けました。忠敬は林蔵に1週間かけて測量技術を教えました。のちに林蔵は、忠敬が測り残した蝦夷地北西部の測量を行うことになるのです。

✵第八次測量（九州第二次）

文化8年11月25日、忠敬らは、前回の九州測量で測れなかった種子島、屋久島、九州北部などの地域を測量するため、江戸を出発しました。高齢の忠敬は、出発にあたって息子の景敬宛てに今後の家政や事業についての教訓や、自分の隠居資金の分配について記した書状を残しており、万一の事態も覚悟しての旅立ちでした。

一行は、本州についてはほとんど測量せずに東海道、山陽道を進み、文化9年（1812年）1月25日に小倉に着きました。小倉からは手分けして北九州の内陸部を測量しながら南下し、鹿児島に到着しました。鹿児島から山川（現・鹿児島県指宿市）を経て海を渡り、3月27日に屋久島に着きました。

屋久島は13日間かけて測量し、その後、11日間風待ちをして、4月26日に種子島に渡りました。5月9日まで測量し、風待ち後、5月23日に山川に戻りました。その後、九州内陸部を手分けして測量しながら北上して小倉に戻りました。小倉から九州北部の海岸線を通って博多に出て、佐賀、久留米を経由して、島原半島を一周し、大村湾を測り、佐世保で越年しました。

文化10年（1813年）、佐世保近くの相浦（相神浦）で新年を迎えた忠敬は、「七十に近き春にぞあひの浦九十九島をいきの松原」と詠んでいます。そして九十九島と呼ばれる島々と複雑な海岸線を測りながら平戸へ向かい、平戸島などの島を測量してから、3月13日に壱岐島に渡り、15日間かけて壱岐を測量しました。

壱岐の次は対馬に渡る予定でしたが、対馬藩士の中村郷左衛門は忠敬に対し、「実測を取りやめてもらえないか」と申

●第八次測量のルート

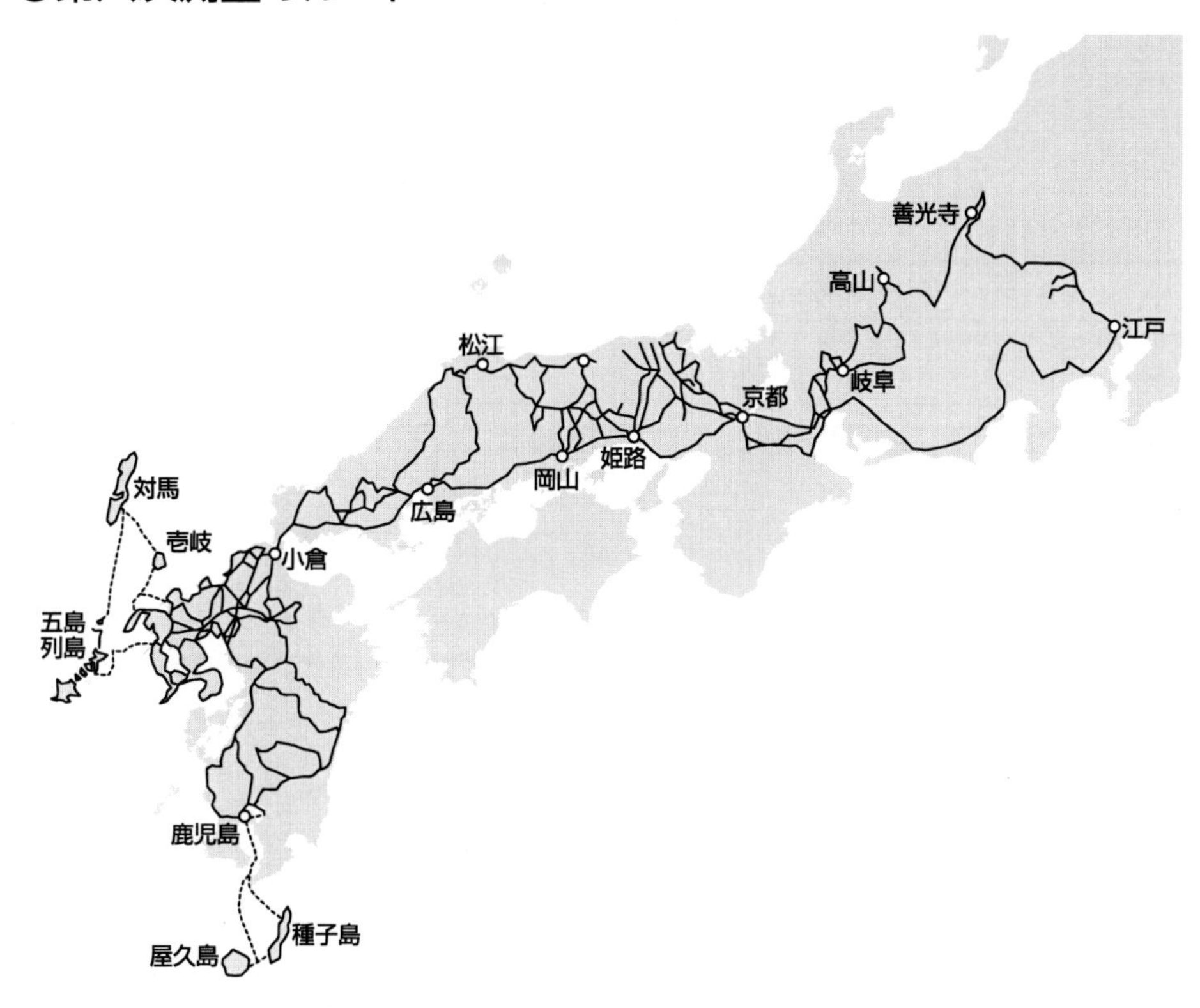

※伊能忠敬e史料館のデータをもとに作成

し出ました。対馬にはすでに元禄13年（1700年）に作られた精密な地図「元禄対馬国絵図」があり、実測はやめにして、朝鮮通信使の礼で駆り出された農民たちを休ませたいという理由からでした。実際、元禄対馬国絵図は精度が極めて高い優れた地図で、忠敬も高く評価していました。しかし対馬の正確な位置を決めるには天体観測を行う必要があるため、結局測量作業は実施されました。

対馬は53日間かけて測量しました。また、交会法を使って朝鮮半島の山々の位置も測りました。5月21日に対馬の測量を終え、いったん平戸に戻ってから、5月23日に五島列島の宇久島に渡りました。

九州本土に戻った忠敬一行は、8月15日に長崎に着き、長崎半島を一周してから小倉へ行き、本州に渡りました。そして中国地方の内陸部を測量しながら東に向かい、広島、松江、鳥取、津山、岡山を経由して、姫路で越年しました。

翌文化11年（1814年）、引き続き内陸部を測量しながら進み、京都を経由し、3月20日四日市に着きました。ここから北上し、岐阜、大垣、高山を通過し、古川から反転して野麦峠を越えました。さらに松本に出て善光寺に参詣し、反転して飯田まで南下したところで再び北上し、中山道を江戸に向かい、5月22日、板橋宿に到着しました。

第九次・第十次測量（伊豆諸島・江戸府内）

忠敬がこれまで住んでいた深川黒江町の家は、地図の作成作業には手狭となっていました。そこで忠敬は文化11年（1814年）5月、八丁堀亀島町の屋敷に住むことにしました。

第九次測量（伊豆諸島）

文化12年（1815年）4月27日、測量隊は伊豆七島などを測量するため、江戸を出発しました。ただし、下役や弟子の勧めもあって、高齢の忠敬は測量には参加しませんでした。忠敬の代りに永井甚左衛門を隊長とした一行は、下田から三宅島、八丈島の順に渡り測量しました。しかし八丈島から三宅島に戻ろうとしたときに黒潮に流されてしまい、三浦半島の三崎（現・神奈川県三浦市）に流れ着きました。

一行は三崎から御蔵島へ行き、三宅島を経由して神津島、新島、利島と測量を続け、いったん新島に戻りました。ここから大島へ行き、測量後に下田に戻り、周辺を測量しながら帰路につき、文化13年（1816年）4月12日に江戸に着いたのでした。

第十次測量（江戸府内）

第九次測量と並行して、江戸府内を測る第十次測量を行いました。これまでの測量では、たとえば東海道では高輪大木戸を、甲州街道では四谷大木戸を起点としていました。今回の測量は、各街道から日本橋までの間を測量して、起点を1つにまとめることが目的でした。

●八丈島の測量図

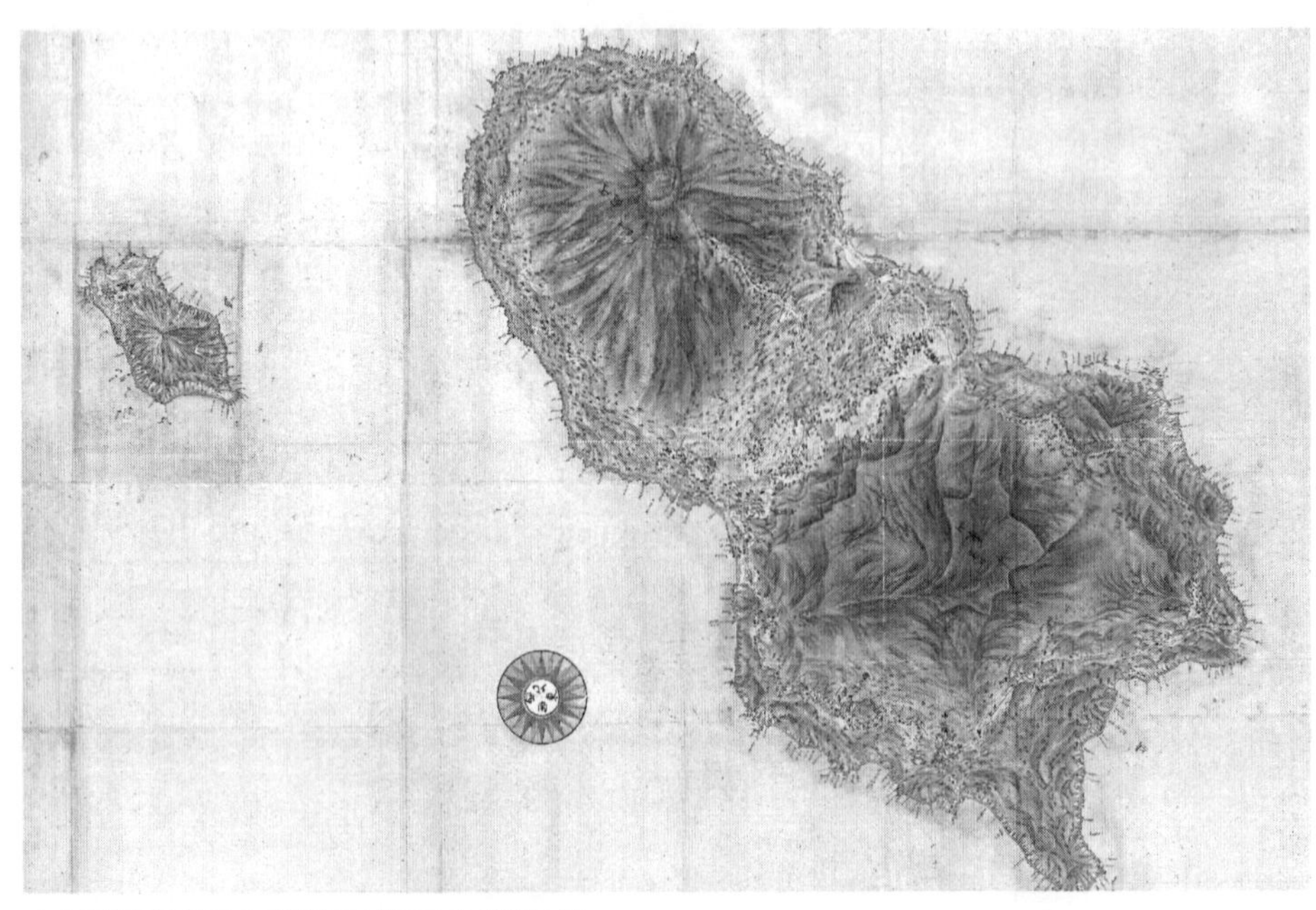

※千葉県香取市伊能忠敬記念館所蔵

測量は71歳になった忠敬も参加し、文化12年(1815年)2月3日から2月19日まで行われました。測量を終えたところで、これまでの測量を反省すると、忠敬は以前に測った東日本の測量は西日本の測量と比べて見劣りがすると感じました。そこで景保と相談し、もう一度詳しく測り直す計画を立てました。しかし幕府はこれを採用せず、代わりに江戸府内の地図を作るよう命じたのです。

この測量は文化13年(1816年)8月8日から10月23日まで行われました。忠敬も度々指揮を執りましたが、おそらく作業の大部分は下役と弟子たちが行っていたと推定されています。

① 地図作成作業

測量作業を終えた忠敬らは、八丁堀の屋敷で最終的な地図の作成作業に取りかかりました。文化14年(1817年)には、間宮林蔵が、忠敬が測量していなかった蝦夷地の測量データを持って現れました。

地図の作成作業は、当初は文化14年の暮れには終わらせる予定でしたが、計画は大幅に遅れました。これは、忠敬が地図投影法の理論を詳しく知らなかったため、各地域の地図を1枚に合わせるときにうまくつながらず、その修正に手間取ったためと考えられています。

②忠敬の死

忠敬は新しい投影法について研究し、資料を作り始めました。しかし文化14年秋頃から喘息がひどくなり、病床につくようになりました。それでも文化14年いっぱいは、地図作成作業を監督したり、門弟の質問に返事を書いたりしていました。しかし、文政元年(1818年)になると急に体が衰えるようになったのでした。そして4月13日、弟子たちに見守られながら74歳でその生涯を終えました。

Chapter.5
地図の精度

SECTION 22

当時の世界の地図事情

地図の作製は航空機とカメラの発明、導入によって大きく変わりました。それ以前の地図の作成法では第3章で見たように距離と方位の測量が必須でした。そしてこれらの測量のためには、忠敬のように測量者が現地へ行って、距離計と方位計を操作する必要がありました。

測量探検隊

つまり、現地へ行く、そのためには人跡未踏の荒野、荒れ地、砂漠、雪原にも探検隊を組んで、場合によっては命の危険を賭して測定しなければならなかったのです。それは忠敬の場合も同じでした。極寒の冬の北海道、波の打ち寄せる孤島の断崖、そのようなところへも実際に出かけて測量したのです。

実際に行くことができなくて、測量が不可能な場所では地図を作ることが不可能でした。そのため、忠敬と同年代にできた各国の地図には「白紙の部分」がありました。そこは測量不可能な、人が近づくことができない場所だったのです。アメリカのような新しくて大きな国、あるいはロシアのように人が近づけないツンドラ原野の広がる国、あるいは中国北部のように高山の連なる地帯の測量は実際問題として不可能だったのです。

しかし、現代の地図に白紙部分はありません。航空機あるいは人工衛星を使えば、どのような場所でも測定できてしまいます。それは海中、海底、潜水艦でも近づけないような深海でも同じです。現代の地図には陸上だけでなく、海底に関しても海底深度を明示した地図ができています。

測量器具と測量方法

忠敬の時代の地図作成のための測量器具、測量方法に、各国の間に大きな違いはありませんでした。

当時三角測量は欧米で一般的でした。本格的な三角測量を実施したのはフランスの天文学者ジャン・ピカールです。彼は、1669年、望遠鏡付きの経緯儀や大型望遠鏡付きの緯度測定器を使い、13の三角形をつないで測量した結果、子午線1度を110・46キロメートルと極めて正確に算出することに成功しました。

しかし、日本で三角測量が初めて行われたのは、忠敬の死後50年近くたった明治5年（1873年）に土地測量を目的に東京府下で行われた測量でした。忠敬はもっぱら導線法で測定し、誤差を検出し、正すのに交会法を用いるという測量を行いましたが、海岸線の形を明らかにするという目的ならば、この方法で十分だったのです。

●ピカールの測量機器

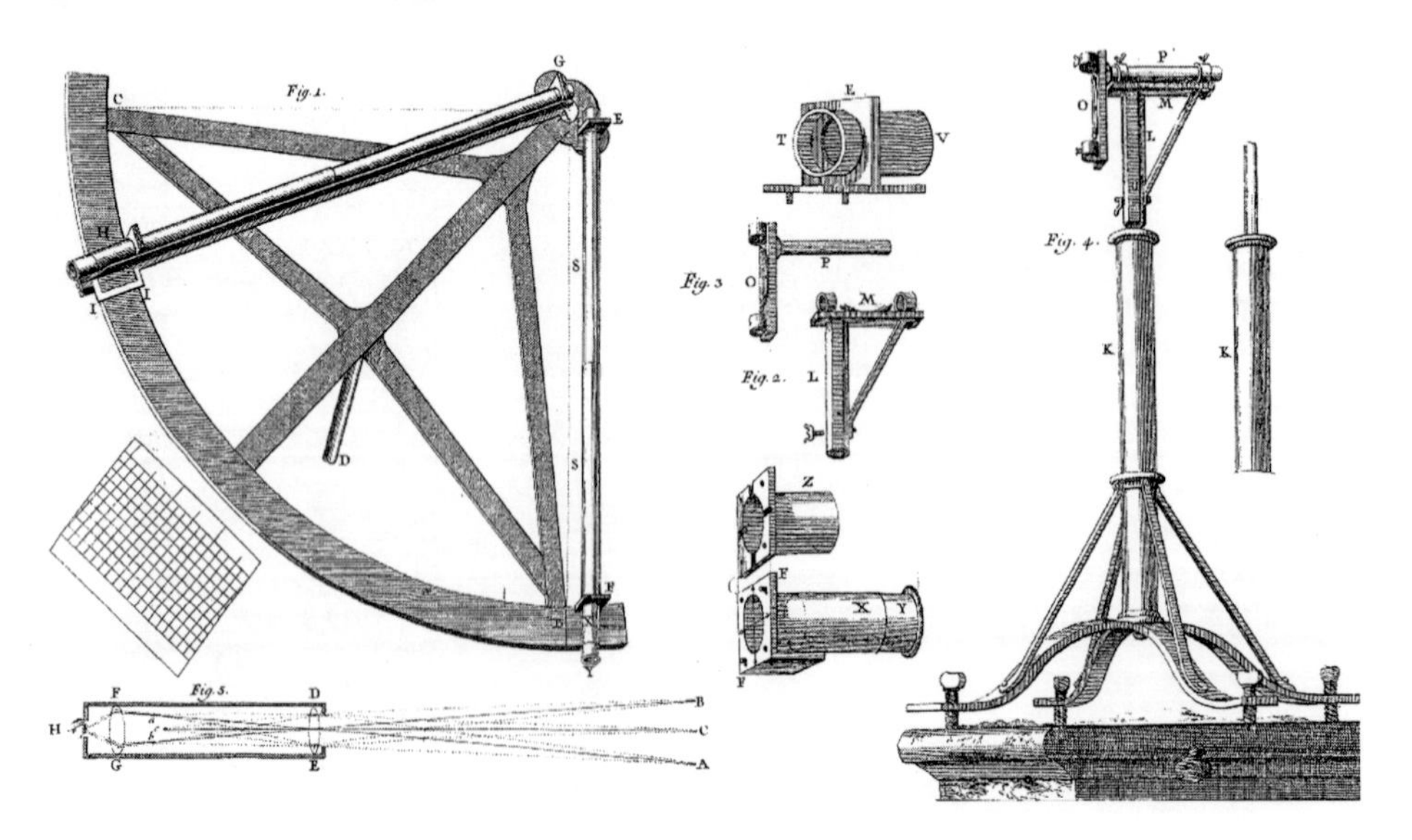

日本全図作成

忠敬が亡くなった後、忠敬の弟子、測量に携わった人々は忠敬の残した資料をもとに地図を作る作業にとりかかりました。

大日本沿海輿地全図

地図は、野帳（やちょう）とよばれるノートに書かれた、海岸線や街道筋の測量の結果にもとづいて作られます。

忠敬とその弟子たちによって作られた大日本沿海輿地全図（だいにほんえんかいよちぜんず）は「伊能図」とも呼ばれています。それは「縮尺36000分の1の大図」、「216000分の1の中図」、「432000分の1の小図」の3種類があり、大図は214枚、中図は8枚、小図は3枚で測量範囲（日本全土）をカバーしています。この他に特別大図や特別小図、特別地域図などといった特殊な地図も存在します。

いうまでもなく、伊能図は日本で初めての実測による日本地図です。しかし測量は主に「海岸線と主要な街道に限られていた」ため、内陸部の記述は乏しいです。測量していない箇所は空白となっていますが、蝦夷地については間宮林蔵の測量結果を取り入れています。

精度

忠敬は地図を作る際、地球を球形と考え、緯度1度の距離は28・2里としました。そしてこの前提のもと、測量結果から地図を描き、その後、経度の線を計算によって書き入れました。したがって伊能図の経緯線はヨーロッパのサンソン図法と原理的に同じです。

忠敬が求めた緯度1度の距離は、現在の値と比較して誤差がおよそ1000分の1と、当時としては極めて正確でした。また、各地の緯度も天体観測により多数測定することができました。そのため緯度に関してはわずかな誤差しか見られません。

しかし経度については、天体観測による測定が十分にできなかったこと、地図投影法の研究が足りず各地域の地図を1枚にまとめるときに接合部が正しくつながらなかったこと、あとから書き加えた経線が地図と合っていなかったことなどの理由で、特に北海道と九州において誤差が生じていることが指摘されています。

伊能図以前の日本地図

忠敬の地図ができるまで、日本に出回っていた日本地図は「改正日本輿地路程全図」といわれるもので、各藩が作った地図を、水戸藩の儒学者・長久保赤水が編集したものだけで

●サンソン図法

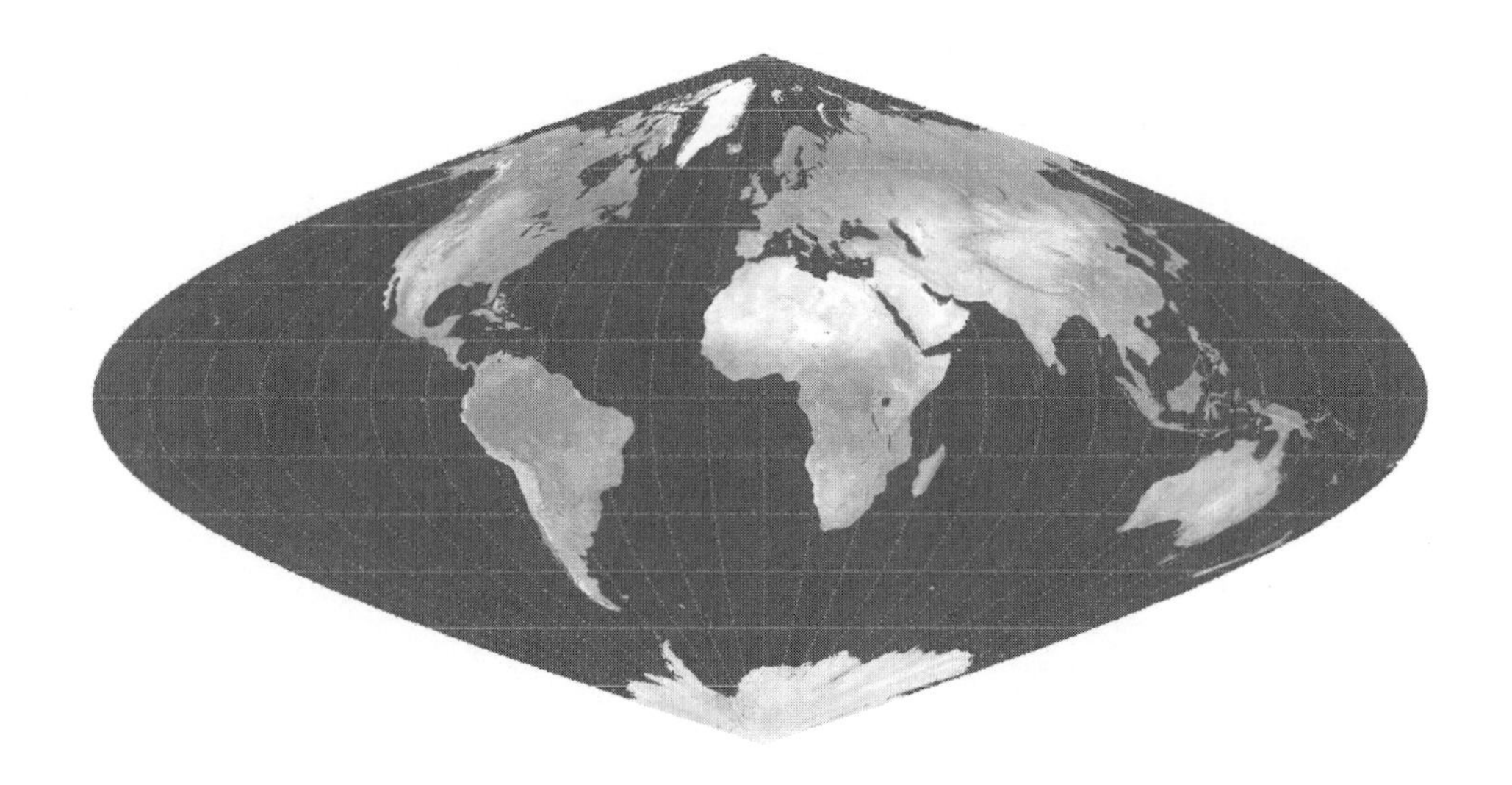

した。正確な実測によって作られた日本地図ではありませんが、当時はそれで事が足りていたのか、伊能図が一般に出回りだしたのは、明治時代に入ってからのことでした。忠敬の地図はその後、日本地図作成の原型となったといわれています。

日本全図の精度

忠敬の日本全図ができるまで、日本という国の正確な形など、誰も知りませんでした。知っていたのは自分の住んでいる村、町の範囲、そのおぼろげな形、近くの池や湖、島のおぼろげな形くらいのものです。そのような人々に日本全図等を見せても、その精度はもちろん、その形が正しいのかどうなのか、判断のしようがありません。

ただし、識者を納得させるデータがありました。それは忠敬が子午線の一度長をヨーロッパの値とほぼ同じ値に求めたという実績です。これはどこに出しても恥ずかしくない数値です。このような数値を導き出した測量なら、それは正しい測量であろう、識者の反応もそのようなものだったのではないでしょうか。

江戸時代の評価

伊能忠敬の日本全図作成の偉業については誰一人として異論を挟む人はいないように思えます。偉業だけではなく、その人柄についても偉人として誉れの高い人です。しかし、現代人で伊能忠敬のことを正確に知っている人はどれだけいるでしょうか？

伊能忠敬の評価は時代によって変わったのでしょうか？　現代ではどのように評価されているのでしょうか？

江戸時代の評価をまとめてみました。


◉日本全図（「大日本沿海輿地全図」）が完成すると、江戸城の大広間に広げられ、11代将軍徳川家斉や、その他の重臣たちに披露されました。「これは、すばらしい！」と、誰もが声をあげて賞賛したといいます。しかしそれは地図の精度に対する賞賛より、丁寧に描かれた巨大な地図の美しさに対する賞賛だったのかもしれません。

◉忠敬についてのもっとも古い伝記は、江戸時代に書かれた「旌門金鏡類録（せいもんきんきょうるいろく）」の中にあります。この書の作者や作成時期についてはわかっていません。この書は、伊能家のために残された書であり、外部に見せるための伝記ではなく、忠敬についても、家の復興に努めて村のためにも尽くしたことが強調された書き方になっています。

◉忠敬の公開された初めての伝記は、忠敬死後3年の文政5年（1822年）に建てられた、源空寺の墓に刻まれている墓碑銘です。この墓碑銘は墓石の左面、背面、右面の3面にわたって刻まれた漢文から、作者は儒学者の佐藤一斎であることがわかります。墓碑銘には、忠敬は西洋の技術を学ぶことによって知識が高まったといった内容が刻まれており、こうした記述は「旌門金鏡類録」にはありません。

◉弘化2年（1845年）には、佐原出身で縁戚関係にあたる清宮秀堅によって「下総国旧事考」が書かれ、その中で忠敬についても触れられています。この忠敬伝は墓碑銘をもとに書かれていますが、忠敬と洋学との関係に関しては記されていません。このことについては、「シーボルト事件」や「蛮社（ばんしゃ）の獄（ごく）」（蘭学者の渡辺崋山や高野長英などが犠牲となった幕府による弾圧事件）」といった、洋学者に対する弾圧が影響しているのではないかという説もあります。

◉「大日本沿海輿地全図」は幕府の書庫に秘蔵され、公開されることはありませんでしたが、明治以降には、内務省、陸軍、海軍が模写して地形図、海図など国家の地図作成に利用されました。正本はもちろん、控図も関東大震災により焼失しました。しかし、大名などに進呈された副本などが現在も残され、そのうちいくつかは国宝や重要文化財に指定されています。

◉伊能忠敬は、測量という仕事に必要な根気と実直さ、合理性を備えた人物であり、測量隊を率いる能力も優れていました。その反面、曲がったことが嫌いで厳しい面も持っていたようで、実の娘や息子を勘当し、弟子を破門することもありました。

◉幕府が忠敬に全国の測量を許したのは、薩摩藩の偵察の意味合いもあるともいわれています。

明治以降の評価

伊能図の存在は、幕府の当局や忠敬の周辺にいる学者の間ではその功績が評価されていたものの、江戸時代には、ほとんど知られていませんでした。しかし、明治時代になると、忠敬は多くの人々によく知られる人物になりました。その始まりは、大須賀庸之助香取郡長ら地域の人々による明治政府への働きかけや、伊能図の有用性が認められたことなどがありました。明治時代以降に現れた評価をまとめてみました。

◉「大日本沿海輿地全図」を作った人物として評価され、明治16年2月27日、「正四位」の位が与えられました。これによって、忠敬は「国家的偉人」として認定され、その後、「修身」の国定教科書にも取りあげられ、全国的に著名な人物となりました。その人間像は「勤勉」の象徴とされました。

◉徳富蘇峰（そほう）や幸田露伴（ろはん）の手による少年向けの忠敬伝が出され、明治20年代から30年代にかけて、忠敬の名は全国に知られるようになっていきました。

◉明治36年（1903年）、国定教科書の制度が始まると、忠敬はさっそく国語の教科書に採用されました。教科書の内容は忠敬の生涯の他、測量方法についても簡単に述べられています。教科書に載ったことで忠敬の名はさらに広まりました。地元の佐原で忠敬を偉人と称えるようになったのもこの頃からであるといわれます。

◉明治43年（1910年）に国定教科書の改訂がなされると、忠敬は国語の教科書から外され、代わりに修身の教科書に載るようになりました。そして内容も変化し、「勤勉」「迷信を避けよ」「師を敬へ」といった表題のもと、忠敬が家業に懸命に取り組んだこと、江戸に出てからは雨や風の中で測量に従事して地図を作ったことなどが記され、最後に「精神一到何事力成ラザラン」などといった格言で締めるという、精神的な面が強調されるようになりました。こうした内容の教科書は第二次世界大戦の終戦まで使われました。

諸外国の評価

諸外国の評価を次の通りです。

◉イギリス海軍は忠敬の地図をもとに海図を完成させ、巻頭に「日本政府から提供された地図による」と記しました。鎖国状態にあった日本を、西洋人は文明後進国と決め付けていました。しかし、世界水準の正確な地図を持っていることで日本を見直しました。忠敬の功績といってよいでしょう。

◉幕末（1854〜1860年）になると、外交や貿易を求める外国の船が、日本の周辺にやってくるようになりました。イギリスの船は、日本のまわりの海で測量を始めます。各地の大名と外国人が、争いを起こすことを心配した幕府は、測量を早く終わらせようとして、忠敬の作った地図をイギリス人に渡しました。広げられた忠敬の日本地図を見たイギリス人は、その地図の正確さに驚いて、測量をやめて、引きあげたといいます。

当時は「東洋人＝未開の野蛮人」のように思われていた時代です。見下していたのに、自分達を上回るほどの技術を持っているかもしれないと日本を見直したことでしょう。その結果、日本に攻め入ろうという気を失ったかもしれません。伊能忠敬の地図は、日本がアジアで数少ない独立国を保てたことにつながっているのかもしれません。

◉当時は、地図を国の外へ持ち出すことが禁止されていました。長崎出島にいたシーボルトが、日本から地図をこっそり持ち出して書いた本によって、忠敬の日本全図がヨーロッパの人々にも紹介され、世界中で有名になりました。もちろん「伊能図」の正確さ、美しさは、その後の日本でも認められ、新しい西洋の技術を取り入れた地図ができるまでの間、永く使われました。

SECTION 27

現代の評価

忠敬の作った地図に対する評価はすでに定まっていると言ってよいでしょう。現代になって再評価しても新しい発見は出てこないのではないでしょうか？　現代における評価は忠敬の作品（地図）に対する評価よりも、忠敬自身に対する評価に焦点が当てられているように思えます。

評価の焦点は、隠居後、つまり現代ならば定年退職後にまったく新しいことを始め、その分野で世界的な業績を上げたということでしょう。忠敬の頃（江戸時代末期）は「人生50年」と言われた時代ですが、現代は人生80年、もしかしたらもっと長いかもしれません。60歳程度で定年退職というのは早すぎます。その後の20年以上の人生をどのように生きるかというのはすべての人にとっての大問題です。

そのようなときに、最良の鏡となるのが忠敬の人生です。彼は隠居迄の前半の人生で事業に最善を尽くし、篤農家（とくのうか）で人望高い二宮尊徳に引けを取らないほどの業績を上げ、人々の尊敬を勝ち取ると共に多大な財産を築くことに成功しました。

それだけなら現代でも似たような方はたくさんおられますが、忠敬は前半の人生を隠居(中退)すると、まったく異分野、すなわち、それまでの趣味の領域に身を移して改めて最善を尽くし、その第二の人生でも大成功を収めたのです。

しかも、第一の人生でも、第二の人生でも、人と争ったことは勿論、人を騙したり、蹴落としたりしたことはありません。むしろ貧しい人、困った人を助けています。このような生涯を送った人は決して多くはありません。現代人が評価するのはこのような忠敬の人柄、生き方そのものではないでしょうか?

現代では道徳、修身という言葉は禁語の趣さえありますが、もし、現代にも通用したとしたら、そのお手本に相応しいのは二宮尊徳よりは伊能忠敬なのではないでしょうか?

伊能忠敬はその意味で今後も再評価を続け、その評価はますます高まっていくことでしょう。

Chapter. 6
測量のコストと経済状況

測量経費の出所

自前出張

忠敬の測量出張は第一次から第十次まで10回に及んでいます。この出張の費用は幕府からも費用は出ていましたが、第一次～第二次測量ではその支給は少なく、費用のほとんどを忠敬が負担しています。第一次観測で忠敬が負担したのは70両(約700万円)ほどと見積もられています。伊能家は資産家であり、忠敬が江戸に出る前年の家業である酒造業などの商売による利益は、1300両(1億3千万円)近くあったという記録が残っていますから、70両の出費は忠敬にとってはさして大した額ではなかったのでしょう。

しかし第二次測量の地図で、幕府がもっとも知りたかった東日本の沿岸地形が一目でわかるようになり、高い評価を得た結果、第三次測量からは待遇も向上します。つまり、第三次測量からは費用に見合うだけの金額が幕府から支給されています。さらに、第四次測量後には忠敬は幕臣（徳川幕府の家来）に取り立てられ、西日本測量が始まった第五次測量以降には、測量は幕府直轄事業となり、費用は全額幕府負担となっているのです。さらに第三次からは幕府が全面的に協力し、幕府は各藩に対して、伊能測量隊への全面的な協力を指示しました。たとえば第六次測量の遠征で向かった瀬戸内海の島々の測量では、芸州藩が大船団を出し、便宜を図ってくれたといいます。

忠敬が自腹を切って始めた全国測量と地図制作という大事業は、国家的プロジェクトの色彩を帯びて結実することになったのでした。

●厳島付近の測量図

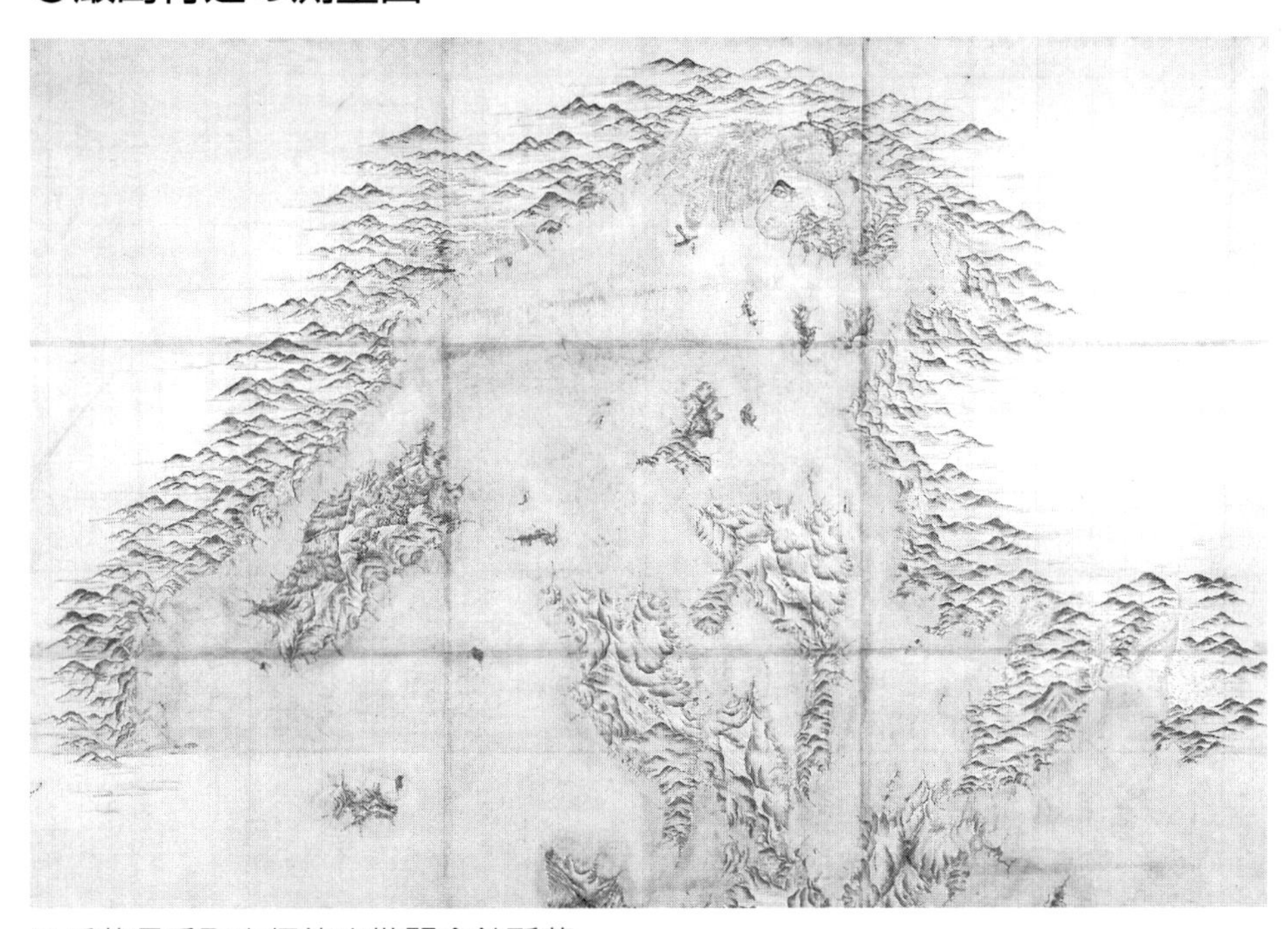

※千葉県香取市伊能忠敬記念館所蔵

幼少・青年期の経済状況

伊能忠敬は延享2年(1745年)1月11日、上総国山辺郡小関村(現・千葉県山武郡九十九里町小関)の名主・小関五郎左衛門家で生まれました。幼名は三治郎とつけられました。

幼少期の経済状況

小関家の収入、資産などは知られていませんが、当時の名主ですから、貧しいはずはありません。幼少時の忠敬(三次郎)は何不自由なく、大切に育てられたことでしょう。しかし、忠敬が6歳のときに母が亡くなりました。当時の小関村周辺では、入り婿は嫁が死亡すると離縁される習慣になっていましたので、入り婿だった父の貞恒は離縁されて実家の小堤村に戻りました。そのときに上の2人の子は貞恒が連れて行きましたが忠敬だけは生まれた小関家に残されました。

小関家では漁具の置かれた小屋の番人を任されていたといいますが、場合によっては跡継ぎになるかもしれない子を粗末に扱うはずはありません。将来の名主になるかもしれないということで、大切に、しかも名主に恥じない素養を身に付けるべく、当時の農村部としては最高の学問を躾けられたのではないでしょうか？

青年期の経済状況

10歳になると忠敬は実父に引き取られて実父の実家である神保家に引き取られました。実家は父の兄で父兄弟の長兄が引き継いでいたため、忠敬親子は分家として独立しました。

神保家およびその分家になった忠敬の家の経済状況はわかっていません。しかし神保家は酒造家でしたから、生活に不自由するような家ではなかったように思えます。

この頃の忠敬は時折、家を空け、親戚や知り合いの元を流浪したことがあったと言われます。ということは忠敬を迎えてくれる親戚や知り合いがあったということであり、決して不遇で不幸な日々ではなかったように思えます。むしろ忠敬のそのような行動を許してくれた実父は忠敬がそのような付き合いを通じて成長することを温かく見守っていてくれたのではなかろうかと思われます。

伊能家の相続財産

忠敬は17歳のときに多くの村民を抱える佐原村の名主、伊能家に婿入りしました。忠敬が入婿した時代の佐原村は、利根川を利用した舟運の中継地として栄え、人口はおよそ5000人という、関東でも有数の大きな村でした。舟運を通じた江戸との交流も盛んで、物の他、人や情報も多く行き交っていました。このような佐原の土壌はのちの忠敬の活躍に大きな影響を与えたものと考えられています。

SECTION 30

事業家としての忠敬

忠敬が伊能家に来た翌年の1763年に忠敬は江戸に薪問屋を出しましたが、翌年に火事に遭い、薪7万駄を焼くという損害を出してしまいました。

伊能家の財産

安永3年（1774年）、忠敬29歳のときの伊能家の収益は、総額351両ですが、その内訳は次のようになっています。

- **酒造　163両3分**
- **田徳　95両**
- **倉敷・店賃　30両**
- **舟利　23両2分**

・薪木　37両3分
・炭　1両1分
合計　351両1分

もっとも多いのが酒造であることを見ると、伊能家は農民というよりは町民の性質が強かったのかもしれません。九十九里浜にあって利根川にも近かったのですから漁業にも手を出しても良かったようにも思えますが、水利の関係は舟利の23両で1割にも満たしません。かわりに多かったのが薪木の37両で農業収入となっています。

天明の大飢饉

天明3年(1783年)には浅間山の噴火などに伴って天明の大飢饉が発生し、佐原村もこの年、米が不作となりました。忠敬は他の名主らとともに地頭所に出頭し、年貢についての配慮を願い出ました。その結果、この年の年貢は全額免除となり、さらに、「御救金」として100両が下されました。

浅間山の噴火以降、佐原村では不作が続いていました。天明5年（1785年）、忠敬は米の値上がりを見越して関西方面から大量の米を買い入れました。しかし米相場は翌年の春から夏にかけて下がり続け、伊能家は多額の損失を抱えてしまいました。周囲からは、今のうちに米を売り払って、これ以上の損を防いだ方がよいと忠告されましたが、忠敬は、あえて米をまったく売らないことにしました。

忠敬は、もしこのまま米価が下がり続けて大損したら、そのときは、本宅は貸地にして、裏の畑に家を建てて10年間質素に暮らしながら借金を返していこうと思っていました。ところが、その年の7月、利根川の大洪水によって佐原村の農業は大損害を受け、農民は日々の暮らしにも困るようになりました。

忠敬は村の有力者と相談しながら、身銭を切って米や金銭を分け与えるなど、貧民救済に取り組みました。翌年もこうした取り組みを続け、村やその周辺の住民に米を安い金額で売り続けました。このような活動によって、佐原村からは一人の餓死者も出なかったといいます。飢饉が終った後、忠敬が以前に買い占めた米を江戸で売り払い、多額の収益を上げました。

隠居時の資産

忠敬が活躍した後の伊能家の財産はどのようになっていたのでしょうか。

豊かな資産

忠敬が隠居する前年の寛政5年（1793年）、伊能家の商売の利益は以下のようになっていました。

- 酒造　370両3分
- 田徳・店貸　142両1分
- 倉敷　30両
- 運送　39両3分

・利潤高　450両1分
・米利　231両1分
合計　1264両2分

先に見た安永3年(1774年)の目録と比較すると、忠敬は伊能家を再興し、かなりの財産を築いていたことがわかります。利潤高が不明でこのときの伊能家の資産については正確な数字は明らかでありませんが、寛政12年に村人が「3万両ぐらいだろう」と答えたという記録が残っています。この資産は現在の30億〜35億円程に相当するといわれます。

陰りの徴候

ただし、伊能家の状況は、必ずしも順風満帆ではなかったとする説もあります。伊能家(三郎右衛門家)が得意としてきた酒造業の実績を示す酒造高は天明の大飢饉後の天明8年(1788年)には1480石でしたが、享和3年(1803年)には600石に減少しており、忠敬没後の天保10年(1839年)には株仲間の記録に伊能家の名前は存在していません。

すなわち廃業状態にあったことを示しています。これは伊能家だけではなく、競合する永沢家も含めて天明期の仲間35家のうち22家が天保期に姿を消し、代わりに天明期に存在が確認できなかった14家の新興酒造家が名前を連ねています。これは江戸幕府の度重なる酒株政策の変更に伊能家を含めた旧来の酒造家が対応しきれなかったことを示すものと思われます。

また、貨幣経済の浸透は旗本などの中小領主たちに先納金・御用金・領主貸などの手段による貨幣の確保に向かわせることになりました。先納金は年貢米を貨幣で前借することですが、実際には貨幣による年貢徴収の口実とされていました。その結果、年貢米の輸送減少をもたらし、御用金や領主貸は伊能家のような地方商人への負担となって現れました。

また、農村の疲弊は伊能家から村単位への貸付の増加になって現れており、その中にはこれらの村が御用金や先納金を納めるための、返還の当てのない貸付もあったものとみられています。さらに伊能家の土地所持高を見ると、享保5年(1720年)には52石7斗あまりだったのが、忠敬の相続後である明和3年（1766年）には84石1斗あまり、隠居後の享和2年（1802年）には145石1斗あまりと、忠敬当主時代に急激に増加しています。これは金融業における質流れの増加とともに忠敬が酒造や輸送業に限界を感じ、土地の集積へと軸足を移そうとしていたことの表れとされています。

実際に隠居後の忠敬が佐原に送った書状には「店賃と田の収益ばかりになっても仕方がない」「もし、古酒の勘定もよくなく、未回収金が過分になったら酒造も止めるように」などと記しており、特に後継者であった景敬が没した文化9年（1812年）以降には、酒造業や運送業、領主貸を縮小する意向をも示しています。

しかし、地主としての土地経営も小作人となった農民との衝突を招くなど困難な状況が続いており、忠敬隠居後の文化年間に入ると土地集積の対象を山林にも広げていますす。要するに伊能「王家」にも陰りが見え始めていたようなのです。

Chapter. 7
現代に活かされる地図作成

古代地図

人は、遥か昔から自分の住む世界を知りたいと思い続けてきました。他の動物たちに比べて体力的に劣る人類にとっては、知恵と情報こそが生き延びる手段でした。そしてよりよい生活をするためには、情報を記録し仲間と共有することが必要だったのです。

獲物が集まる場所、枯れることのない泉、対立している部族の集落、安全に山を越えるルート、見聞きして得た貴重な情報、残しておきたい、仲間に伝えておきたい情報はたくさんあります。

このような情報は、たとえ文字がなくても絵に表すことはできます。むしろ言葉より絵のほうが正確に伝えられたのでしょう。

原始的な地図

中部太平洋のマーシャル諸島には、貝殻とヤシの繊維を編んで島と航路や海流を表した海図がありました。外洋を航海できる大型カヌーで島々を行き来していたのでしょう。

海洋を海流に乗って漂流する分には、進む方向は決まっています。問題は出発地からの距離、あるいは漂流した時間です。それさえわかれば目的地はわかります。このような場合の地図の役割は、目的地さえ指示しておけば、距離や時間の「長さ」だけです。このような用途なら、繊維を編んだ縄の所々に貝殻を結わえておけば最低限の役には立ちます。貝と貝の間の長さが時間あるいは距離を表すのです。

河を使った移動の場合の地図も同じです。方向はいりません。距離さえわかれば役に立つのです。しかし、広い面積のあらゆる方向へ移動できる陸上を移動する場合の地図はそうはいきません。「距離」と「方向」は必須の要素になります。このように、距離と方角を表す図面、それが地図の必須条件なのです。

古代人の世界観

古代の人々は世界全体についてはどんなイメージを抱いていたのでしょうか？　ほとんどの民族は、大地は平らであると考えていました。自分たちの住んでいる土地を中心に考えて、周囲を山で囲まれていると考える民族もいれば、海で囲まれていると考える民族もいました。

大地が落ちないように支えているのも、巨人であったり、象であったり、大亀であったりと、神話や伝説にもとづいて想像されていました。それに基づいて地図の中にも不思議な生き物たちが描かれていました。現実と空想をごちゃまぜにして地図に描いていたのでした。

バビロニアの世界地図（紀元前7世紀）

現在知られているもっとも古い世界地図は、紀元前６００年頃のバビロニアの世界地図です。この地図は北が上として描かれており、その説明文が付いています。二重の円が描かれており、内円の内側が陸地、外円と内円の間が海、外円の外側が対岸の陸地です。

内円の上半分に描かれた横長の長方形がバビロンです。中央付近で南北に描かれた2本の線は、左がユーフラテス川、右がチグリス川と考えられています。チグリス川の上流は山となっており、チグリス川下流の三日月模様はペルシア湾、内円下部の細長い長方形は湿地帯、内円の内側に書かれたたくさんの小円は他の有力都市を表しています。

つまり、この地図は世界地図を意図したものではありますが、現実世界と一致しているのはバビロンと周辺都市、周辺地理のみです。当時の人々にとって世界とは自分が住んで、自分が意識できる空間だけを意味していたのでしょう。

●バビロニアの世界地図

大地は平面である

ギリシアでも初期の世界観はバビロニアの影響を受けたもので、大地は平らな円盤であると考えられていました。地理学者のヘカタイオスが製作した世界図は「全世界の地形とともに海洋と河川のすべてを掘りこんである銅板」と伝えられ、地中海の海岸線はかなり正確に描かれていたようです。けれども大地の形はやはり平らな円盤で、周囲を「オケアノス」とよばれる架空の海洋に囲まれていると考えていました。

エラトステネス図(紀元前3世紀)

地球の大きさを測ったことで知られるエラトステネス(276BC～194BC)は、地球が球形であることを前提に地図を作っており、地図作成に測量を利用しました。エラトステネスの地図そのものは伝わっていませんが、ストラボン(63BC～23BC)が著作に一部を引用しているため、およその様子がわかっています。

エラトステネスの時代には、アレクサンドロス3世(在位336BC～323BC)

の遠征記録が伝わっていたため、インド付近までの地理が詳しくなっています。

また、ヨーロッパについては、グレートブリテン島などが描かれていて、地図には経緯線に相当する線が描かれています。ただし、今日の世界地図とは異なり、経緯線の間隔は一定ではありません。

●19世紀に再現されたエラトステネスの世界地図

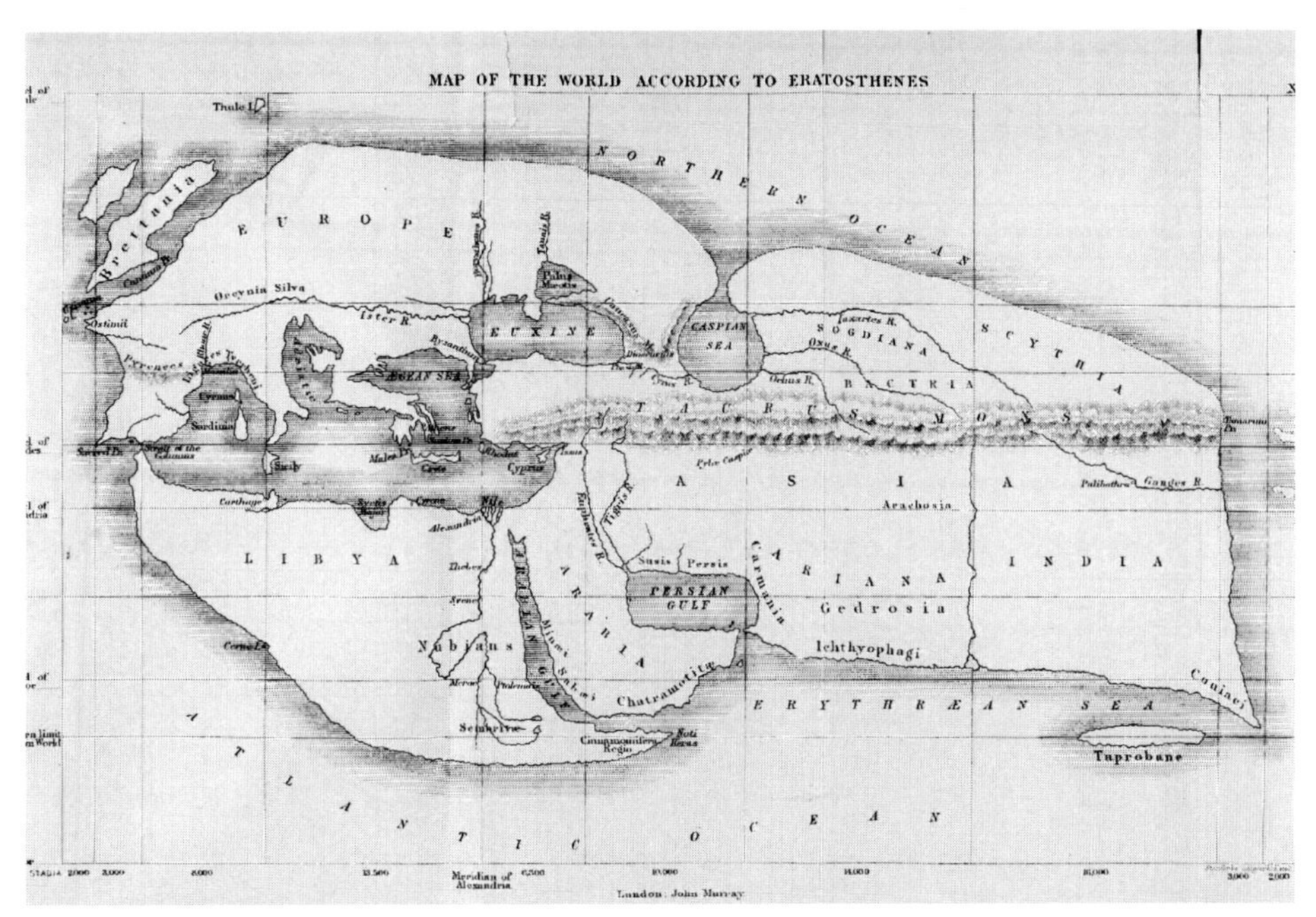

大地は球である

四大文明（メソポタミア、エジプト、インダス、黄河）の頃に作られた世界図を見ると、彼らはまだ大地が平面であると考えていたようです。一方、天体の運行を観測して暦を作ることは世界各地で行われていました。繰り返されるリズムの中から自然にはルールがあることが理解されるようになりましたが、それはまだ神の啓示と考えられていました。

自然を理解したい

ところが紀元前7、8世紀頃になると、地中海交易で興隆しつつあったギリシアでは、知識の交流が盛んになり、異なる考え方を比較して論じる人々が登場します。つまり、自然をありのままに受け止めるだけでなく、摂理を論理的に説明しようとしはじめたのです。自然哲学の発生です。

ところが急速に発達した天文学や幾何学を学んだ科学者が、大地について考察をはじめたとき、世界観は一変することになりました。大地が平らではなく球体であると最初に唱えたのは、かの有名な数学者、ピタゴラスだとされています。

太陽や月が球体であることと、ギリシア的な対称性を重んじる価値観から、球こそが完璧な形であると考えたのです。その後、自然科学の祖ともいわれるアリストテレスが、いくつかの根拠をあげてより論理的に説明しています。

つまり、①南北に長い距離を移動すると星の高さが変化すること、②月食のときに月面に映る地球の影は円または円弧であること、③沖合の船はマストだけが見えることなどです。この説からは、月食が太陽と地球と月の位置関係によって発生することが理解されるほど、天文学が発達していたことがうかがえます。

●アリストテレス

投影法の必要性

大地が平らであると考える人々はもちろん、自分が住む町や国家を地図に描くだけであった人々も、投影法を考慮する必要はありませんでした。縮小するだけでよかったのです。投影法は大地を球体と考え、広大な地域を表そうとするときになって初めて発生する問題なのです。

古代学問の権威・プトレマイオス

世界を正しい位置関係で表そうとして投影法の問題を考えたのは、エジプトのアレクサンドリアで活躍した、プトレマイオス・クラウディオス(2世紀ごろ)です。このころ政治・経済の中心はすでにローマに移っていましたが、アレクサンドリアはまだ文化の中心でした。

プトレマイオスはヘレニズム文化最大の天文学者で、大著「アルマゲスト（最大の書）」であらわしていますが、地動説を否定して、天動説を支持するという過ちを犯したことでも知られています。その一方で彼はまた地理学者でもあり、全8巻に及ぶ「ゲオグラフィア（地理学）」を出しています。

ここでは地球に関する数理地理学的な問題や地図作製の方法が論じられるとともに、当時知られている限りの地点について経度と緯度を推定して記しています。さらに世界地図と多くの地域図も含まれています。まさに古代地理学の集大成です。2つの著書はともに中世末期から近代科学が確立されるまでの間、ヨーロッパの科学に功罪含めて大きな影響を与えました。

プトレマイオスの地図

プトレマイオスは、投影法については正しい比例で表すことを重視して、ボンヌ図法に似た一種の正距円錐図法を考案しています。ヒッパルコスが考案した経緯線も導入していました。ちなみに角度の表現に度分秒を使うことを考案したのもプトレマイオスです。しかし測量されたデータが皆無に近く、旅行者の話などから位置を推定したため、地点の位置については大きくずれています。こうしてできあがった世界地図では、西はカナリア諸島から東は中国の西安まで、北はスカンジナビアから南はナイルの源流まで、全地球の4分の1を描いていました。経度はカナリア諸島を0度にして、西安付近が実際は130度ほどの差しかないのに、180度にされていました。プトレマイオスの業績は傑出しており、その誤りと共に後々の世界地図にまで引き継がれたものと考えられています。

●プトレマイオスの地図

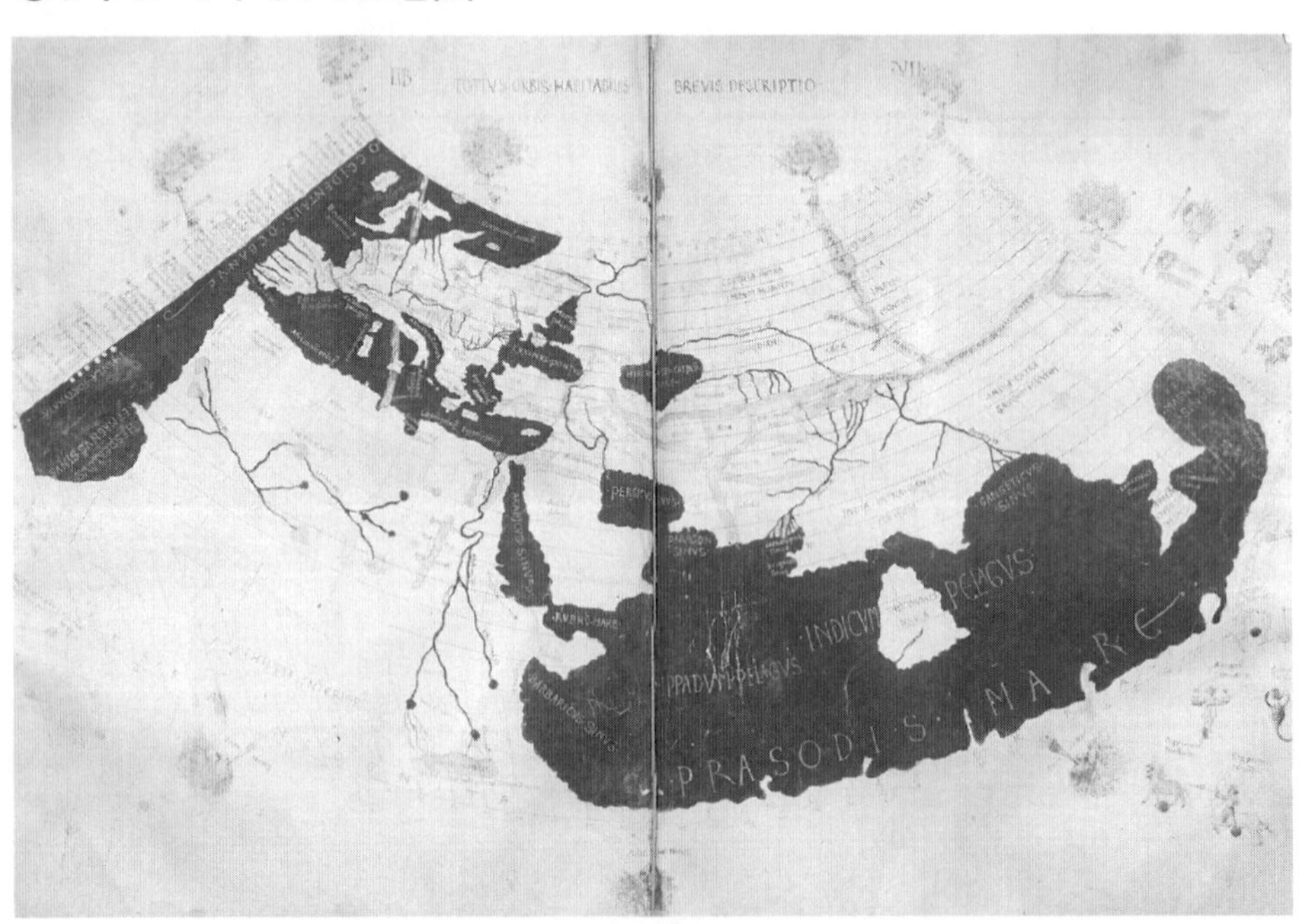

SECTION 35

いろいろの地図の表現法

地球上のさまざまな地表物・事象を表現する媒体として地図がありますが、それらは平面上に表現されるものが主流です。ただし、3次元空間に存在している地球をそのままの形で平面上に表現することはできません。つまり、曲面を持つ地球を平面状の地図で表現するためには、地球表面の情報を平面に投影する処理が必用になります。そのための手法を「地図投影法」と呼びます。

地図投影法の種類

球体の地球を平面に投影する処理においては、必ず「角度、面積、距離」のいずれかに歪みが発生します。この3要素がすべて正確な平面の地図は存在しません。その歪みをさまざまな特性(具体的には地域の形状・面積・距離という側面)においてより最小限にとどめるための投影法が開発されてきました。それらの特性により、次のように分類されます。

①円筒図法(メルカトール図法)

この図法の特長は地域の形状が維持されるという点にあります。ただし面積の歪みが発生するという側面もあります。たとえば、実際の面積に比べグリーンランドがかなり大きく表現されます。

②正積図法

正積図法では、表示される図形の面積が維持されます。ただし、その一方で形状や角度に歪みが生じます。たとえばモルワイデ図法では、

●モルワイデ図法

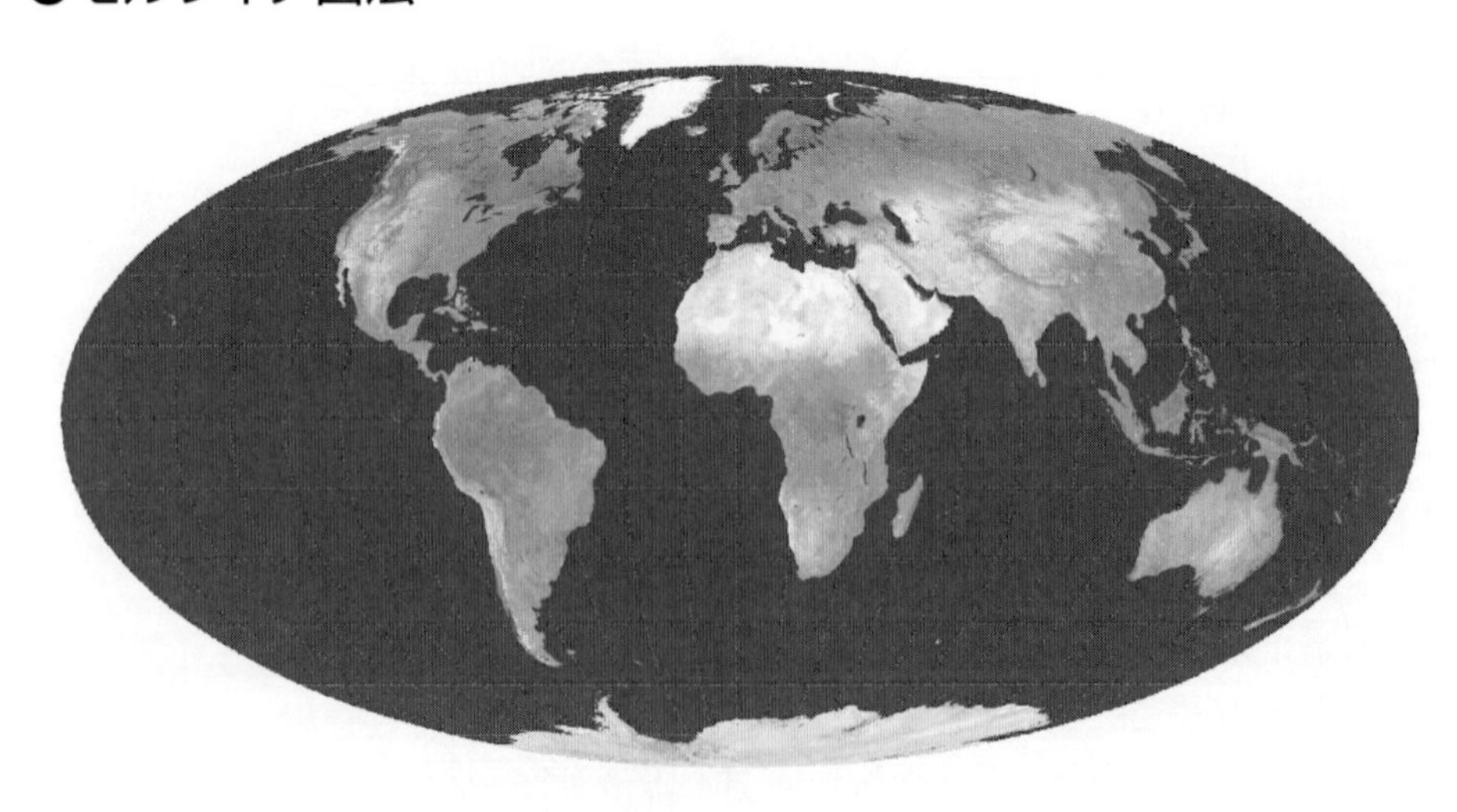

面積は正しく表現されますが形状において歪みが発生しています。

③ 正距方位図法

この図法では特定の2点間の距離が維持されます。正距方位図法では、すべての地域に関して、中心点から外側への距離は正確ですが、面積、形状において中心から離れるにしたがって歪みが大きくなっています。

●正距方位図法

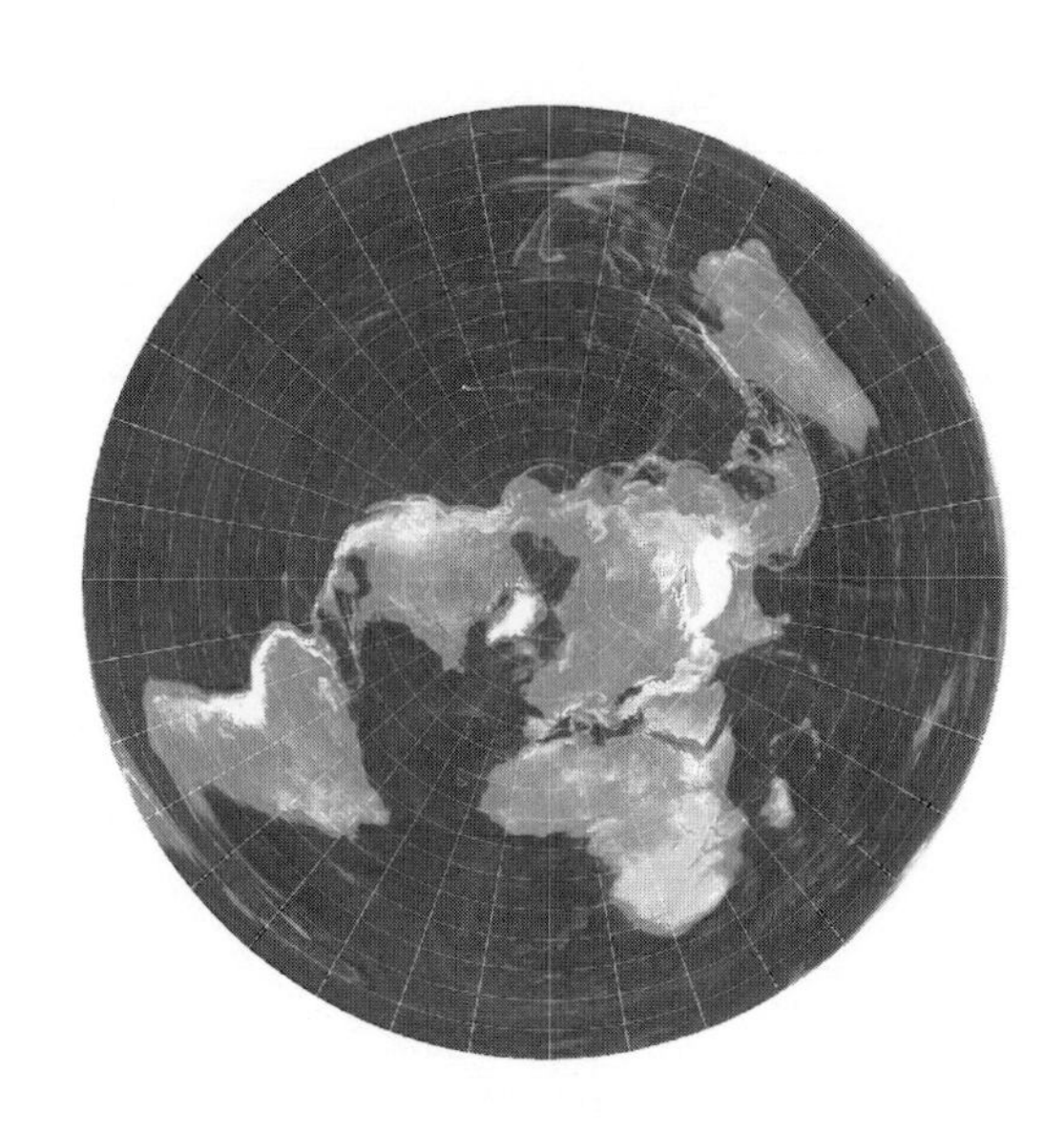

SECTION 36

距離の測定

地図を作るための測量では、緯度・経度・方位角・仰角・距離など、さまざまな項目を測定しなければなりません。この中でもっとも基本的で、なおかつもっとも難しいのが「距離」です。

距離計測の歴史

エラトステネスが地球の大きさを計算したときには、おそらく人かラクダで歩測したと考えられています。ローマ時代のころからは、短距離であれば巻き尺、中距離であれば車輪の回転数を数える方法が使われるようになりました。

近代になると、角度は経緯儀や六分儀などの光学的測定器が発明されましたが、距離の測量は原始的で、測鎖とよばれる数十メートルの重い金属製のチェーンが、測量技師の必携の道具になりました。

①三角測量時代の基線計測

三角測量が考案されてからは、基線だけ測定すればよくなりましたが、大きな三角点網の基線を測るときには高い精度が求められるため、手間のかかる方法が実行されることがあります。1790年代には、林を伐採して数㎞にもおよぶ完全にまっすぐな道路を作り、材木で高架橋のような構造物を建設し、温度や湿度の影響も考えながら慎重に定規を当てて、2カ月近くもかけて測りました。

20世紀前半になっても国家の地形図を作るようなときには、この方法以外になく、基線測量は測量技師にとって、もっとも困難な仕事とされてきました。

②光学測定

精密光学機器が作られるようになると、短距離の測定は光学的方法で測定できるようになりました。測距儀は、2本のレンズから入る像を回転式のミラーで合成することができるようになっていて、目標物の像が重なったときのミラーの角度とレンズ間の距離から三角法で距離を算出します。これらは操作が簡単で持ち運びも容易なのですが、有効距離が短く地籍図の作成や土木工事の測量程度にしか使えません。

③ 電子計測

長距離の測定には電子技術の発達を待たなければなりませんでした。１９４７年スウェーデンの科学者によりジオジメーターが発明されました。目標地点に置いた反射鏡に光を当てて、戻ってくるまでの時間から距離を計算します。

５～20㎞程度を測定できますが、夜間しか使えず、気象条件によって精度が落ちることが欠点でした。

１９５５年には光の代わりに電波を使うテルロメーターも開発されました。昼間でも使え、測定距離も伸びましたが、湿度の影響を受ける欠点がありました。１９６６年にはレーザー光線を使ったジオジメーターが開発され、昼間も使えることはもちろん、気象条件による影響も小さく、空気が澄んでいれば80㎞まで測定できます。現在は、このレーザー式ジオジメーターが主流になっています。これら電子式測距儀のおかげで、１／１００万の精度を得られるようになりました。

SECTION 37

飛行機とカメラの利用

昔の地図には空白部分がありました。そこはまだ測量が行われていないことを表すものでした。しかし現代の地図では空白域は、地球上のどこにも、存在しません。それどころか月にも火星にも存在しません。すでに標高まで含んだ精密な地図が完成しています。

このような進歩を可能にしたのは飛行機とカメラの登場でした。現代では地球だけではなく、銀河の座標を測定した宇宙の地図さえ作られています。現代は人類が足跡をしるす以前に地図が作られる時代なのです。

世界図の統一規格

しかし、空白域がなくなっても地図作りは終わりません。かつては各国政府が独自のルールを設けて、ばらばらに地図作りを行っていいたために、いくつもの国にまたがる問題を検討しようとするときなど、ひどく不便な状態にありました。

１８９１年ベルンで開催された第5回国際地理学会議において、統一された国際図の作成が提案されました。１９１３年のパリ国際地理学会議で決められた規格は、「国際１００万分の1世界図」とよばれ、縮尺は1／１００万、図法は変更多円錐図法、長さの単位はメートル法、地形は等高線による段彩などの内容でした。

カメラの登場

19世紀になって、カメラが発明されると、さっそく地図作りに利用されました。気球から撮影したり、高い塔からステレオ撮影して建物の位置を割り出したりしていました。しかし広い地域にわたってくまなく実施することが難しかったので、地形図を作ることはできませんでした。

偵察写真

第1次大戦がはじまると、発明されたばかりの飛行機にカメラを搭載して、偵察写真が撮影され、威力を発揮しました。まだ、高度や方位、傾きのデータが記録されていなかったので、そのままでは地形図に起こすことはできませんでした。しかし、一瞬にして地上にあるすべてのものを写し撮ってしまう航空写真は、臨時あるいは簡易の地図としてさまざまな目的に役立ちました。

航空写真を地形図の作製に利用しようと熱心だったのはアメリカです。広大な国土はまだ英仏のように精密に測量されていませんでした。政府も民間も第一次世界大戦で大量に生産された飛行機を利用して、航空写真による地図製作に乗り出しました。初期のころは操縦席の底に穴を空けてカメラをセットし、震動を押さえるためにエンジンを切って撮影していました。やがて、連続撮影した航空写真を販売する者も現われるようになり、正規の地形図ではないものの、写真から平面地図を描くことが行われるようになりました。

✵レーダーの利用

最近では、可視光による通常写真の他に、雲や昼夜に影響されない赤外線写真やレーダー写真も利用されています。20世紀は、情報を収集する機械（センサー）、それを乗せる機械（飛行機や宇宙船）、集めた情報を処理するコンピューターが著しく発達した時代といえます。

測量に航空写真を利用できるようになったおかげで、地形図作製に要する期間とコストは桁違いに小さくなりました。アメリカで発達したこの技術は、第二次大戦後になると、正確な地形図を持っていなかった多くの途上国でも導入されるようになり、短期間で地図を完成させました。基準点の測量と実地調査が不十分な地域はまだかなり残っているものの、世界の陸地はようやく地図の上に正しく描かれるようになったのです。

✵実地調査

航空写真技術がいくら進歩しても、それだけで地形図を作成することはできません。地形図は絵ではなく記号と文字によって抽象化された図面だからです。基準になる三角点の経緯度と標高を精密に測定することや、写真に写っている事物を実地調査して判別していく作業などが必要です。すべての情報が揃ったら、記号化して製図します。これを色分けして製版し、印刷すると地形図が完成します。

高度の測定

地上の三角測量では、平面の測量だけでなく標高の測量も行われています。標高の情報は非常に重要です。航空写真では平面の測量は簡単に行えますが、標高はどのように調査するのでしょうか?

原理は立体メガネと同じです。位置を変えて撮影した2枚の写真の位相差から相対的な高度差を求めるのです。そして地上で厳密に測量された三角点の標高に加算することですべての地点の標高を求めることができます。この面倒な処理はコンピューターで行うことができます。

宇宙からの測量

航空写真によって、正確な地形図を短期間で作製できるようになりましたが、人工衛星の登場は測地学の分野にも革命的な変化をもたらしました。地図を作製するための地形の測量ではなく、地球そのものを測量してしまいます。

地球を精密測量する

まずはじめは、衛星の軌道測定が行われました。衛星の軌道は地球の重力や形状の影響を受けて微妙に変化します。これを電波で追跡すれば地球の形を測定できるのです。この結果、地球の形は回転楕円体ではあっても、さまざまなゆがみを持っていることがわかりました。北極は20メートルほど突き出ていて、反対に南極はへこんでいました。赤道面でさえ完全な円ではなかったのです。

人工衛星で可能になったジオイド測量

仮想される海水面、ジオイドの測量も衛星を利用することによって可能となりました。ジオイドは標高を測るときの基準面です。海上では平均海面を用い、陸上ではもしその場所が海であったら（運河を掘って海水を引き入れたとしたら）海水面の高さはどこにあるのかを算定します。

海水面は重力にしたがって高さを変えるため、ジオイドは重力と遠心力のバランスした位置を表します。地球の質量は均一ではないため、回転楕円体に対しては起伏があります。これはかなり大きくて、インド洋モルジブの付近では１１０ｍものへこみがあり、ニューギニアには80ｍ、ニュージーランド南東やカリフォルニアには60ｍのこぶがありました。この原因を解明すれば、やがては地球の内部構造（マントルや地球中心核の形など）も、摸式図ではなく地図として表すことができるようになるでしょう。

地球をモニターする

人工衛星に搭載するセンサーが発達してくると、地球の状態をリアルタイムに常時モニターすることもできるようになりました。測定する媒体としては可視光線の他、赤外線・重力・磁気などを用いることができます。測定したデータはコンピューターで解析することによって、まさかと思うような情報さえ引き出すことができます。

たとえば可視光線の写真を肉眼で視ると緑としか判別できない地域でも、異なる波長の写真を組み合せて解析すれば、畑と森林の区別はもちろん、針葉樹林と広葉樹林の区別、成長度合、そして大気汚染による痛み具合まで知ることができます。人工衛星ならではの特徴は、わずか数日から2、3週間の間に、地球全体を同じ条件で測定できることです。

この結果、たとえば「ある年のある月の積雪量を描いた世界地図」というような、これまでは絶対に作ることができなかったテーマの地図を作製できるようになったのです。地球を観測する代表的な人口衛星には、1972年から打ち上げられ、高度700〜900キロのほぼ極軌道(地球を縦に回る)を周回して、可視光線と赤外線の写真を撮り続けたランドサットシリーズ、気象監視衛星ニンバス、フランスのSPOT、ヨーロッパのレーダー観測衛星ERS、ノアをはじめとする各国の観測衛星などがあります。

人工衛星で座標を知る

地上で衛星の電波を受信すると、位置や距離の測定も可能です。衛星を頂点とした三角測量ができるのです。地上の2点は互いに見えないほど離れていても構いません。この方法は島の位置の確定などに威力を発揮しています。

反対に複数の衛星を使えば、地上を頂点とした三角測量もできます。条件さえよければ標高を測ることさえ可能です。このシステムはGPS(Global Positioning System)とよばれ、移動体が他の地上設備の助けを借りずに位置を知ることができます。最近では一般向けの携帯型や、自動車に搭載してディスプレイ上の道路地図に現在位置を表示するカーナビゲーションシステムとして自動車の必需品となっています。

宇宙地図

宇宙からの測量技術は、地球だけでなく他の天体へも応用することができます。1950年代になると、地球を飛び出した探査機は測量者の目となって太陽系の天体の測量を開始しました。

月の表は見たままが地図

月の場合は、望遠鏡で表面を観察することができるため、ガリレオ・ガリレイ(1564~1642年)の時代から、多くの観測者がスケッチを残してきました。地球上から月を観るということは、

●ガリレオの月のスケッチ

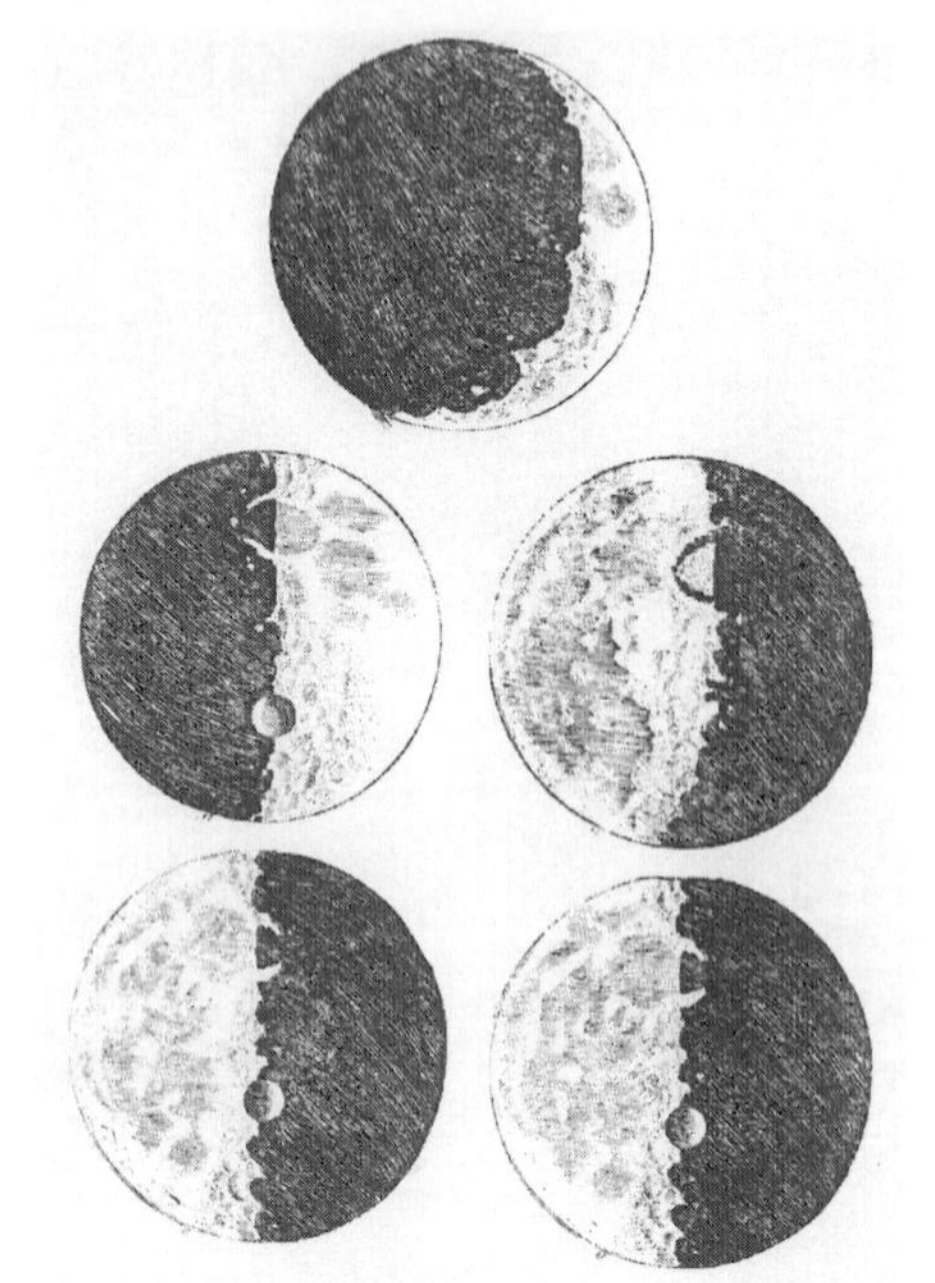

静止衛星から地球を観るのと同じことなので、かつての地上の測量者のような探検や実地測量の苦労はありません。

17世紀のアマチュア天文家ヨハネス・ヘヴェリウスは、緻密な月面図を作製し、影の長さから山の高さの測定を試みています。19世紀末になると写真による測量も行われるようになりましたが、本格的な科学測量は1950年代、月旅行をめざすようになってからのことです。

●ヘヴェリウスの月面図

アポロに積まれた月面図

まず立体写真により地形図が作製されましたが、地上にいる限り表側しか観ることができません。完全な地図を作るためには探査機を打ち上げて、あらゆる方向から撮影する必要があります。

1959年、史上初めて月の裏側を見せてくれたのはソ連のルナ3号でした。それから米ソの探査競争がはじまり、突入型、軟着陸型と進歩し、1966年アメリカのルナオービターは、月軌道を回って多くの写真を電送してきました。

こうして精密な月面図が作製され、アポロ宇宙船の飛行士は、1/1100万～1/5000までの何種類もの地図を持参して月に行きました。現代の探検は到達する前に地図ができているのです。

運河が見えたという火星

火星は大型の望遠鏡で見てもせいぜい指先程度の大きさにしか見えません。しかも大接近するのは2年に1度だけなので、19世紀末になってようやく表面の様子が観測されるようになりました。

1971年火星に到達したアメリカのマリナー9号は、1年にわたって軌道を回り、映像と測定データを地球に送り続けました。地図制作者は、豊富なデータを駆使してあっという間に地形図を完成させてしまいました。巨大な峡谷はいくつも発見されましたが、それはかつてスケッチされた「火星の運河」とはまったく別のものであることがわかりました。

金星の雲の下

さらに決して人類が直接降り立つことはないであろう金星（表面温度470℃）でさえも地図が作られています。厚い雲に覆い尽くされているため、外から地表を見ることはできないのですが、ソ連の探査機ヴェネラシリーズとアメリカのパイオニアヴィーナス1号が、軟着陸に成功し写真撮影を行いました。

さらに1989年に打ち上げられたアメリカの探査機マゼランが、合成開口レーダーを使って地表の凹凸を精密に測定したのです。地形図を作製した結果、クレーター・断層・山脈・平原・火山などの存在が確認され、内部の状態や成因を推測する重要なデータを得ることができました。

SECTION 40

海底地図

現代では深海の海底も人類の活動範囲です。海底には貴重な鉱物資源が埋まっています。海底の地形は、地上の地形とは性質が大きく異なります。海底は目視ができず、海上であっても目視で位置を確認できる目標物は極端に少ないです。

20世紀初頭までは竿や錘で1点ずつ深さを測ることしかできませんでした。20世紀中ごろでもソナーによる線的な計測しかできませんでした。しかし現在では信号の処理速度が向上し、音響技術と音波を介した画像伝送を組み合わせた測地技術を用いて深海探測艇「しんかい6500」を運用することができます。

海底地図の目的

海域地図の多くは使用目的を絞ったものです。中でも海図が長年にわたって基本図として扱われてきましたが、それは航海と漁業が海での活動のほとんどを占め、航海の安全のために位置情報を収集するのが第一とされていたからです。また領海など法的規制を表示することが求められ、それ以外の情報は個別に収集すればよいと見なされていたこともあります。

しかし、近年は海洋資源開発、比較的深い海の埋め立て、地殻変動の調査など他の目的が増え、計測技術の進展とともに地上と似た海底地形図も必要とされ、作成されています。

海底地形の精密な3Dモデルの使途は水産業に限定されず、水中の遺跡やサンゴ礁の分布の把握にも応用されます。海

●水深測量による海底地形図

だけでなく、重要な湖沼では地形図に水深を記載していることがあります。

測深

海の深さ、すなわち水深を測定することを水深測量あるいは測深（そくしん）といいます。測深の方法には使用する機器の種類によって錘測、音響測深、レーザー測深等があります。

① 錘測（すいそく）

錘測はロープまたはワイヤーの先端に鉛などの錘を付けたものを船の上から降ろし、この錘が海底に到着したときのショックを感じてその時までに伸ばしたロープまたはワイヤーの長さから水深を求める方法です。

錘測は、20世紀中頃以降に音響測深に取って代わられるまで水深を測る主流の方式でした。音響測深を原則とする現在でも、水深10m以浅の係留船舶の多い狭い港内等の測量で使用されることがあります。

② **音響測深**

音響測深は船から発信された音波が海底で反射されて戻ってくるまでの時間を測定することにより水深を測定するシステムです。たとえば、海中の音速度はおよそ1500メートル毎秒であるので、船から海底に向けて発射した音波が2秒後にその船に戻ってきたとすれば、そのときに音波が海底に到達するまでの時間は往復時間の半分の1秒ということになり、したがってその地点の水深は1500mであることがわかります。

③ **レーザー測深**

航空機からレーザー光を発射して水深

●海底の地形を調査する様子

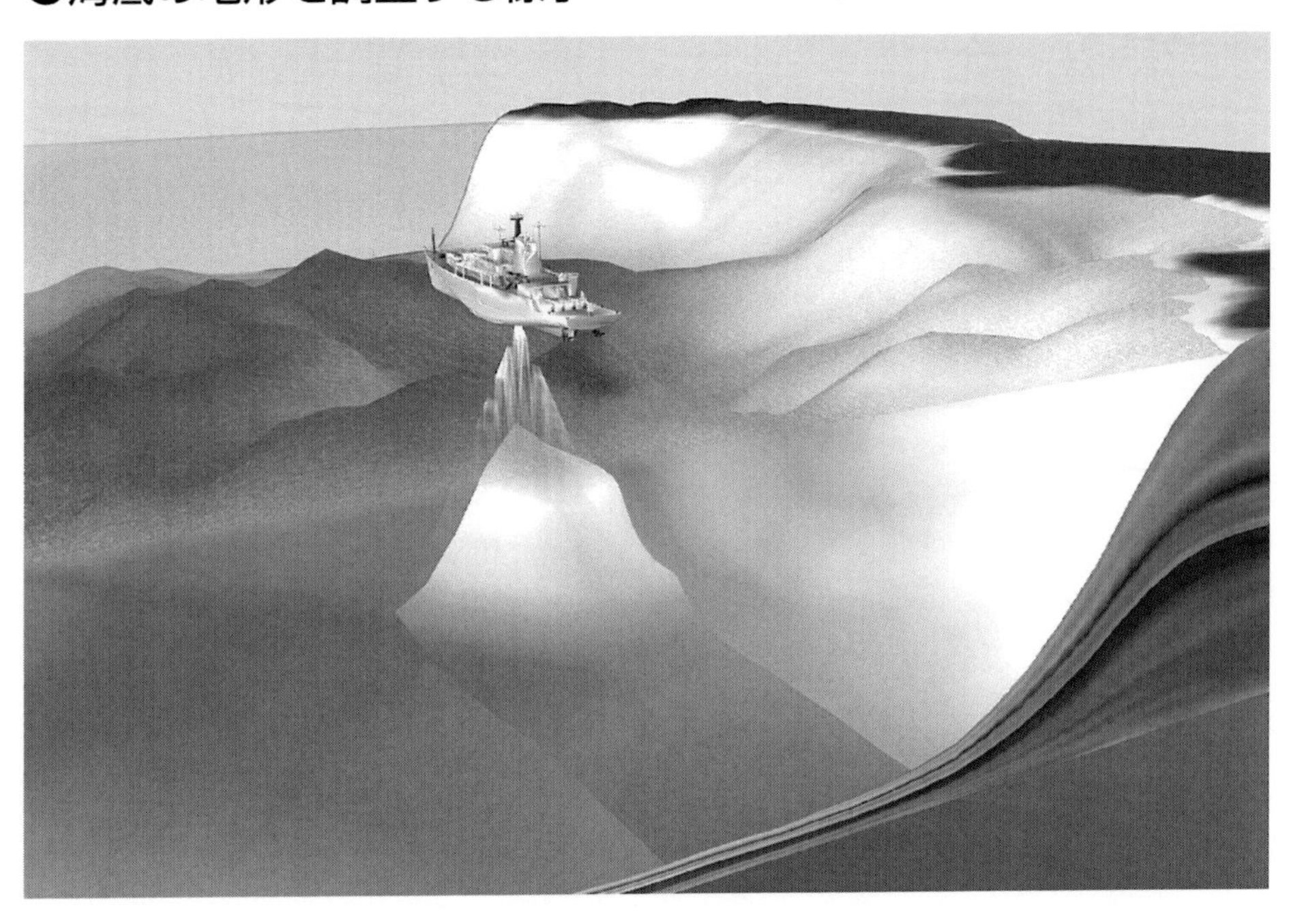

を測量する方法をレーザー測深といいます。レーザー測深では、通常、赤色のレーザー光（主に海面で反射される）と緑色のレーザー光（主に海底で反射される）を併用して両者の反射時間の差から水深を測定します。航空機は高度500ｍ程度を飛行し、発射されるレーザー光は機体の左右にスキャン（走査）されるため、航空機の直下の水深だけでなく左右に幅を持って多数の水深値が短時間に得られます。

レーザー測深の技術の開発は、米国、カナダ、オーストラリアなどが熱心に取り組んでいますが、現在の技術で測深できる深さは海水のきれいな場所でも水深70ｍ程度までであるとされています。

海底面探査

海底面を構成する物質には岩、砂、泥、貝殻等いろいろのものがあります。海底地図にはその物質の種類を特定して示す必要があります。海図上に記載されている底質記号（R、S、M、Sh等）は船舶が錨を下ろして停泊する際の錨の利き具合を判断するための情報となります。

① 底質採取

海底の物質を採取することを底質採取または採泥（さいでい）といいます。採泥は、船の上からワイヤーの先端に採泥器を付けて海底まで降ろし、海底の物質を採ってくる作業です。近年では、海底面探査や音波探査によって底質を面的にある程度推定できるようになりましたが、もっとも確実な底質の調査手法は実際の試料を採取するこの採泥であることに変わりありません。

② 機器探査

海底面探査は、サイドスキャンソナーまたはサイドルッキングソナーと呼ばれる機器を使用して海底表面の状況を調査することもできます。

海底面探査では曳航体またはフィッシュと呼ばれる送受信用のセンサーを船尾から海中に曳航し、センサーから左右方向に広く前後方向に狭い扇状の音波を海底に向けて発信します。そして海底面で後方散乱されて戻ってきた音波の強弱を記録することにより、海底の障害物や小さな起伏、あるいは底質の違いをあたかも写真で撮ったような画像として得ることができます。

SECTION 41

電子化された地図

地図は、測量・製図・製版・印刷の過程を経て出版されます。20世紀になると、測量には写真や高度な電子機器などが使われるようになり、印刷では多色図版を高速に印刷できるオフセット印刷が導入されました。

コンピューターによる自動製版

1970年代になると、海図の作製にコンピューターが利用されるようになりました。コンピューターは、船に積まれた音響測深機で測定した水深を記録し、水深別にクラス分けして連続線のリストを生成します。このデータをプロッタに出力すると等水深線が描かれるのです。

空間シミュレーション

コンピューターの新しい使い方として、空間のシミュレーションがあります。気象の数値予報が代表的です。地形のデータと気象のモデル、それに現在までの気象データを入れて、将来の変化を予測するのです。これによって毎日の天気予報、台風状況などの予測が急速に進化しつつあります。他にも大陸移動のシミュレーションや交通渋滞のシミュレーションなども行われています。

コンピューターの中の地球

いまや地図を電子化することで、コンピューターの中に地球が再現されようとしています。そしてソフトウェアの進歩によって、表現方法も多様になってきました。

プトレマイオスが述べていたように、「世界のあらゆる現象を絵によって表したものが地図である」なら、コンピューターはこれからも地図を作る最適な道具にとして進化を続けていくことでしょう。

索引

ま行

や行

ら行

わ行

な行

は行

■著者紹介

齋藤　勝裕（さいとう　かつひろ）

名古屋工業大学名誉教授、愛知学院大学客員教授。大学に入学以来50年、化学一筋できた超まじめ人間。専門は有機化学から物理化学にわたり、研究テーマは「有機不安定中間体」、「環状付加反応」、「有機光化学」、「有機金属化合物」、「有機電気化学」、「超分子化学」、「有機超伝導体」、「有機半導体」、「有機EL」、「有機色素増感太陽電池」と、気は多い。量子化学から生命化学まで、化学の全領域にわたる。著書に、「SUPERサイエンス 世界の先端を行く江戸時代のSDGs」「SUPERサイエンス 錬金術をめぐる人類の戦い」「SUPERサイエンス 本物を超えるニセモノの科学」「改訂新版 SUPERサイエンス 爆発の仕組みを化学する」「SUPERサイエンス 五感を騙す錯覚の科学」「SUPERサイエンス 糞尿をめぐるエネルギー革命」「SUPERサイエンス 縄文時代驚異の科学」「SUPERサイエンス 「電気」という物理現象の不思議な科学」「SUPERサイエンス「腐る」というすごい科学」「SUPERサイエンス 人類が生み出した「単位」という不思議な世界」「SUPERサイエンス 「水」という物質の不思議な科学」「SUPERサイエンス 大失敗から生まれたすごい科学」「SUPERサイエンス 知られざる温泉の秘密」「SUPERサイエンス 量子化学の世界」「SUPERサイエンス 日本刀の驚くべき技術」「SUPERサイエンス ニセ科学の栄光と挫折」「SUPERサイエンス セラミックス驚異の世界」「SUPERサイエンス 鮮度を保つ漁業の科学」「SUPERサイエンス 人類を脅かす新型コロナウイルス」「SUPERサイエンス 身近に潜む食卓の危険物」「SUPERサイエンス 人類を救う農業の科学」「SUPERサイエンス 貴金属の知られざる科学」「SUPERサイエンス 知られざる金属の不思議」「SUPERサイエンス レアメタル・レアアースの驚くべき能力」「SUPERサイエンス 世界を変える電池の科学」「SUPERサイエンス 意外と知らないお酒の科学」「SUPERサイエンス プラスチック知られざる世界」「SUPERサイエンス 人類が手に入れた地球のエネルギー」「SUPERサイエンス 分子集合体の科学」「SUPERサイエンス 分子マシン驚異の世界」「SUPERサイエンス 火災と消防の科学」「SUPERサイエンス 戦争と平和のテクノロジー」「SUPERサイエンス 「毒」と「薬」の不思議な関係」「SUPERサイエンス 身近に潜む危ない化学反応」「SUPERサイエンス 脳を惑わす薬物とくすり」「サイエンスミステリー 亜澄錬太郎の事件簿1　創られたデータ」「サイエンスミステリー 亜澄錬太郎の事件簿2　殺意の卒業旅行」「サイエンスミステリー 亜澄錬太郎の事件簿3　忘れ得ぬ想い」「サイエンスミステリー 亜澄錬太郎の事件簿4　美貌の行方」「サイエンスミステリー 亜澄錬太郎の事件簿5［新潟編］　撤退の代償」「サイエンスミステリー 亜澄錬太郎の事件簿6［東海編］　捏造の連鎖」「サイエンスミステリー 亜澄錬太郎の事件簿7［東北編］ 呪縛の俳句」「サイエンスミステリー 亜澄錬太郎の事件簿8［九州編］ 偽りの才媛」（C&R研究所）がある。

編集担当：西方洋一 ／ カバーデザイン：秋田勘助（オフィス・エドモント）

目にやさしい大活字
SUPERサイエンス 天才伊能忠敬の地図を作る驚異の技術

2025年4月22日　　初版発行

著　者　齋藤勝裕
発行者　池田武人
発行所　株式会社　シーアンドアール研究所
新潟県新潟市北区西名目所 4083-6（〒950-3122）
電話　025-259-4293　FAX　025-258-2801

ISBN978-4-86354-915-9 C0021